ドイツの森林官（中央の制服姿）

アメリカの森林（ワシントン州）

フィンランドの森（ブルーベリーがいっぱい）

大型機械による伐採で荒廃した森林（京都市北区）

高級旅館に用いられた銘木
（長崎県雲仙温泉「半水盧」）

日本の山間地域（宮崎県諸塚村）

オーストリアの森

樹齢650年のオールドグロス（ワシントン州）

ニュージーランドの枝打ち

庭園樹としての北山台スギ（京都市北区）

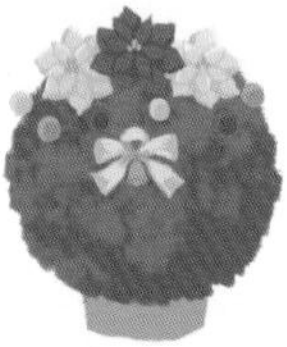

クリスマス用の卓上型杉玉（北山杉）

山村に住む、ある森林学者が考えたこと

岩井　吉彌

目次　山村に住む、ある森林学者が考えたこと

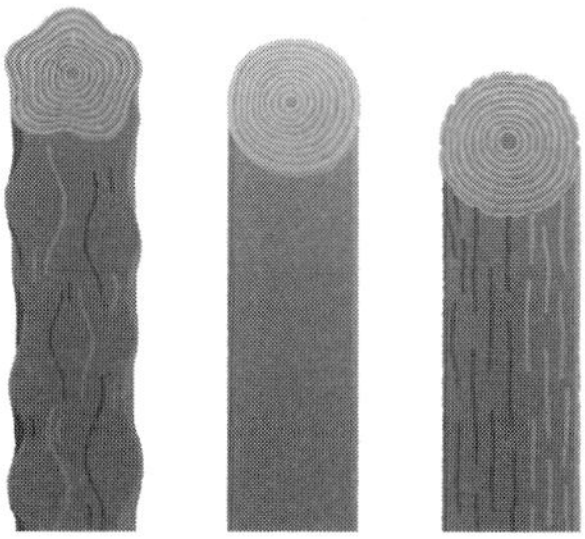

はじめに

日本は木の国

日本は「木の国」である。豊かで美しい森がいっぱいあって、日本人は生活のあらゆる分野で木をいっぱい使ってきた。住宅や社寺といった建物をはじめ、家具、お椀、割りばし、櫛、そろばん、鉛筆、下駄、薪、はしご、酒樽、杭、橋、船、仏像と数え上げればきりがない。

森が沢山あるところでは、木が手に入りやすく加工もしやすいので、生活の中で木を用いるのは自然のことである。だから、木を沢山使ってきたのは、何も日本だけではない。熱帯雨林の国々だって同じことである。

それでも、やっぱり日本は「木の国」である。それも世界で最も「木の国」と呼ぶにふさわしい国である。

我が国には、世界最大の木造建築物である東大寺の大仏殿がある。世界で最も高い木造建築物である京都東寺の五重塔がある。さらに世界最古の木造建築物である法隆寺がある。他にもいっぱい古い木造建築物があり、世界文化遺産に指定されている建物も少なくない。

「銘木店」と書いて、「めいぼくてん」と読む。

林業や木材業界それに建築業界の人はもちろんご存じだろうが、それ以外の人はどうであろうか。内装用の特殊な木材だけを取り扱う専門店で、建築材としての普通の柱や板などを扱う木材店とはまた違う。どんな木材を取り扱うかというと、国内産であれば、まず、とても値段の高い、屋久杉とか吉野杉・北山杉、これらは節が全くなくて、普通の木材の十倍から数十倍の値段がする。国内産だけでなく、熱帯産の花梨や紫檀、黒檀も取り扱う。いずれも一見しただけで美しい木だと分かる。でも、そうでない木材も取り扱う。何か半分腐ったような木、これは「シャレ」と呼ぶ、シャレコウベつまり骸骨のことである。それから皮をむいた表面にカビの生えた木、これは「錆丸太」と言う。いわば、珍木・奇木の類であり、食べ物でいうと、ゲテモノのようなものだが、我が国では茶室や数奇屋建築であるとか、ちょっとおしゃれな内装材として使う。そのルーツは、侘び・寂の茶の湯の世界にあり、世界には例のない独特の文化である。銘木店は大都会はもちろん、地方都市にもあるが、こうした銘木というジャンル、及びその専門店は、世界広しといえども日本にだけしか存在しないのである。

そう考えると、我が国は「木の国」であり、より正確に言うなら「木の文化の国」と言った方がふさわしいのではないかと、かねてより思っていた。

私がそれを強く意識したのは今から20年前のことである。

その日は、休日で取り立てて予定がなく、朝から何をしようかと思っていた。ふと気が付くと、机の上に漢和中辞典が置いてある。何気なくページをめくっていると、日本には沢山の漢字があるけれど、どんな部首の漢字が多いのかを知りたくなった。

寿司屋に行けば、魚の漢字がいっぱい書いてある湯呑が出てくる。だとしたら、サカナへンの漢字が多いのかな、それともサンズイかな、いやいやクサガンムリかもしれないと考えたが、調べる手立てがない。それで、適当に見当を付けて多いと思われる部首の漢字を10個余り調べてみた。その結果、第一位はキヘンで558漢字、第二位はサンズイで524漢字、第三位はクサガンムリ、第四位はニンベンとなった。

それで、キヘンの漢字が多いのは、何を意味しているのかをつらつらと考えた。

それはやはり、日本が「木の国」と言われているのと関係があるのだろう。いや、漢字というのは、もちろん生活とも関係するが、同時に文化的な存在だと考えると、まさに「木の文化の国」と言える証なのではないだろうかと。

サカナヘンに春と書いて鰆（さわら）となる。夏の字はないが、冬は鮗（このしろ）、それなら秋と書いて何と読む？　そんな漢字は知らないという人が多いだろうが、鰍（かじか）が正解である。川に住む淡水魚で、山梨県に鰍沢というところがあるが、鰍が沢山棲んでいるのかもしれない。

それにヒントを得て、キヘンの漢字について同じことを考えた。キヘンに春は椿（つばき）、夏は榎（えのき）冬は柊（ひいらぎ）、では秋は？ モミジと答える人が多いが、それは間違い。そのような漢字は見たことがない人も多いだろうが、正解は楸（しゅう・ひさぎ）と読み、アカメガシワの木をさす。私の村では、お盆のぼた餅をお供えする時に、アカメガシワの葉をお皿の代わりに使う。

このように、キヘンの漢字は多様であり、日本人と木との関係がうかがい知れる。

これも20年ほど前のことであるが、ドイツの森林研究者を連れて、吉野林業の見学に行ったことがある。吉野町の上市には小さいながらも老舗の製材所が沢山あって、樹齢250年の立派な吉野杉を加工している会社を訪問した。社長から、吉野杉の内装材の値段は、高いものは1㎥あたり100万円もすると説明を受けた時、研究者の1人が、桁が一つ違うのではないかと確かめた上で「そんな木材なんて聞いたことがない、世界一高い木材だね。そんな木材をどこで使うのか」と尋ねてきた。「日本の建築で使うんですよ、詳しくは京都に帰ってから説明します」と答えて、約束通り吉野杉が使ってある京都の料亭で説明したが、残念ながら、彼らには日本の木の文化については到底理解できないようだった。

もしかしたら、デザイン感覚にすぐれたフランス人であれば理解してくれるかもしれないと思ったが、いまだにフランス人に説明する機会がない。

一戸建ての注文住宅（福島県郡山市）

このように、日本人と木とは、確かに近しい関係にあると言えよう。

ところが、ここ数十年の間にその関係が急速に変化しているように思う。

以前、木造注文住宅の大手メーカーに聞き取り調査に行った時のことである。販売担当者から、次のような話を聞いて驚いた。「私どもの住宅をお買い求めいただく施主様の多くは、一戸建ての木造住宅に住んで、建て替えをされる方です。その前の住宅が築何年経っていたかを調査したことがあるのですが、その平均がなんとたったの20年だったので、びっくりしました」と。一生に一度買えるかどうかわからないような高額の買い物なのに、たった20年で建て替えるとは、まるで使い捨てに近いと、その担当者も思ったのである。木造住宅は、補修をすれば何百年と長持ちするので、補修を繰り返しながら古い住宅を維持してきたのが我が国の伝統であった。しかし、最近は大きく変わってしまったようである。施主は、そのように長持ちする木材の特長について恐らく知らないのであろう。

私たちの周りからは木で作ったものがどんどん消えている。生活用品はもちろんのこと、木造住宅も減少したし、吉野杉のような日本が誇る高級木材も次第に使われなくなってきている。世界唯一の銘木店もだんだんと減りつつある。時代の流れだと言ってしまえばそれまでだが、「木の文化の国」にも異変が生じつつあることは確かである。さらにそれによって、日本の木も忘れ去られようとしているのではないかと、懸念していた。

木の神の怒り

そんな時、動転するような事態が起こった。

２０１８年の秋9月のことである。台風21号が近畿地方を襲い、甚大な被害を出した。森林被害も大きく、京都市北部では、目も当てられないような風倒木被害が出た。一般のスギやヒノキの森林だけでなく、樹齢４００年以上の大径木も数百本倒れ、世界遺産である高雄の神護寺や、高山寺の境内・裏山でも、時価でいうと10億円を超える大変な被害だった。

樹齢や樹種、それに木の太さや育て方に関係なく、折れたり根こそぎ倒れて無残な姿になった。

京都の町中を流れる、鴨川上流の森林も大変な被害で、スギやヒノキの50～60年生の森が根こそぎ倒れて全滅状態になっていた。爆弾が落ちたのかと思うほどの光景で、大面積にわたって森の土が耕されたような状況だった。そしてその土砂が、豪雨によって大量に河川へと流出していた。

台風が運んできた大雨によって、嵐山を流れる桂川は、水量が急激に増し道路にまで迫っていて、渡月橋も流されるのではないかと思うほどで、氾濫寸前だった。私もこの時、渡月橋のたもとにいて、警察官があわただしく交通の規制をするのを見ていた。

嵐山では２０１３年の豪雨でも料理旅館が浸水した。

このように、台風は私に恐ろしい光景を見せつけたのであるが、ひょっとしたら、木の文化をないがしろにしたがために、木の神様が怒り出したのであろうか。

周知のとおり、こうした台風や豪雨の被害は、山崩れや川の氾濫として、近年、日本のあちこちで頻発している。

豪雨の被害は、歴史的な雨量にあると報道されてはいるが、原因は果たしてそれだけなのだろうか。豪雨の後で、手入れのされていない真っ暗なスギの森を見回ると、大きく表土がえ

台風による森林被害（京都市北区雲ケ畑）

ぐられているのがあちこちで見られたが、ひょっとしたら、森林からの土砂の流出も河川の氾濫の一因かもしれない。浸水によって民家に大量の泥が流入して、住民を困らせている光景がテレビで映し出されているのを見ると、そうした考えも納得できる。さらに加えて、近くに住む私の友人は、大型機械によって踏み荒らされた森林の伐採現場が、豪雨によって崩壊して洪水を引き起こすのではないかと、心配していたのである。

このように、ここ数年間の記録的な豪雨による河川の氾濫が、森林や林業と密接にかかわっているのではないかと、ふと思ったのがこの本を書く最初のきっかけであった。

私の専門と林業経営

私は、昭和50年より大学の林学科に奉職し、林業経済を中心として森林や木材の経済的利用について、教育と研究を行ってきた。研究室内で行う理論研究は全く不得手で、むしろ現場に出かけて行って、いろいろな分野の人たちに直接出会って、話を聞いて資料や情報を集めることを中心とした。そのために訪れたのは、森林所有者をはじめ、木材の生産や流通に携わる人々、最終消費者である住宅メーカーや製紙工場、また海外から木材を輸入する大手商社などであった。こうして今までお世話になった方々は、正確には覚えていないけれども、おそらく千人近くになるであろう。また、その時々の研究テーマもいろいろで、林業経営であったり、林業の歴史であったり、森林の相続税であったり、木材の産地形成であったり、輸入材などであった。林業の範囲を超えて、農家民宿の調査をしたこともある。訪問した都道府県としては、40近くに上る。

その後、外国林業に関心を持ちだしたのが、昭和60年ごろであった。大学に奉職し始めてから、すでに10年が経過していた。

カナダ、アメリカ、シベリア、中国、北欧、ヨーロッパ諸国、東南アジア諸国やニュージーランドなどを訪れ、現地の林業や林産業を見て、聞き取り調査を行なったが、海外での経験は、私にとっては、今まで取り組んできた日本の林業を見つめなおす大きなきっかけとなった。そしてその中で、単に林業だけでなく、海外の諸国の人たちが森や木材とどのようにかかわっているかについても新しい発見ができた事は大きかった。

一つのテーマにこだわることなく、その時々の思い付きでさまざまな地域に出かけ、森林や林業の実に多様な現場を見てきた。一つの研究テーマを一生涯かかってやり遂げるのとは程遠く、移り気で、気まぐれな研究者であった。

次に、少々個人的な話になるが、私の家は、京都の北山で代々林業を行ってきた。もちろん地域柄、北山杉も育ててきたが、経営面積からするとヒノキ林の方が多い（北山杉とは、床柱などに使われる直径15㎝ほどの細い丸太を言う)。私は一人っ子だったので当然林業のあと取りをするべきものと考えていた。父は山が好きで、とても熱心に経営を行ってきたし、よく私を山に連れて行ってくれた。大学に進学するときにも森林に関係する分野を勧めてくれたので、大学の林学科に進んだ。大学在学中に林業経営の現場を学ぶべく、休みの時にはベテランの労働者について山の作業を教えてもらった。枝打ちでは何度も刃物で手や足を切ったし、梯子から落ちて救急車で運ばれたこともある。立木を木材業者に販売する商談は私の担当で、そこでは商取引の巧妙な駆け引きも経験した。大阪の不動産業者と山林の境界争いになり、大げんかして撃退したこともある。

最近のことだが、森林所在地をほとんど知らない私の後継者のために、GPSを用いて、自己所有森林の境界の経緯度を測り、国土地理院の地図に落として、境界地図を作った。そして現地には境界杭を設置した。日本では農地や宅地については、測量が実施されて境界確定も行われ、法務局の登記簿には、それらの土地の正確な公図が完備されている。しかし林地に関しては過去に測量が行われてこなかったので、土地の公図を見ても面積も形状も全くでたらめで、あてにならない。裁判になっても山林の境界については、裁判官だって判断に困る。だから少なくとも自分の所有地の境界を主張できるようにと、GPSに基づいた地図を作製したのである。

このように、現場の作業については熟練とは程遠いけれども、林業の実務については、一通り経験した。

私は林業を生業とする林家の生まれであり、林業の経営を行いながら、大学にも勤めた。いわば二足のワラジを履いていた点で、日本の森林・林業の研究者の中では、特異な存在であったと思う。

大学在任中は、日本林業の国際競争力の弱さについて研究発表したこともあったが、大学の研究者としては、やはり、大々的には展開しにくいのは確かであった。あまりあからさまに主張すると、文科省科学研究費の研究助成や林野庁の研究委託の審査にマイナスに働くのではないかと心配したからである。

大学を定年退職して約10年余り経つ間に、日本の林業はますます衰え、それとともに森林も急速に荒廃してきた。林野当局も、林業の再生を図って、様々な施策を打ち出してはきたものの、林業に対する認識は甘く、林業衰退の基本的な要因に全く気付いていないのではないかと思われる。気付いていたとしても、日本の森林についての総元締めの立場からは、あからさまには言えないのかも知れない。しかし、そのような林野当局の認識は、林業にとっては大きなマイナスになると考えている。

残念ながら、日本の林業経済研究者にもそうした問題に正面から取り組む姿勢はあまり見られない。林業問題へのアプローチは、なかなかハードルが高いのかもしれない。

しかし、ことは日本の森林にかかわる問題だけに最重要課題である。研究者としては、林業問題に正面から取り組み、自らの意見を述べて広く世に問う姿勢が必要であろう。幸いなことに、私は比較的、国内と世界を広く見てきたし、今やまったく遠慮もいらないフリーな立場にある。したがって、私はそのような立場から、日本の林業が置かれた現状について、世界を見ながら語ってみたいと思う。

ただ、私も自分の見方や考え方がすべて正しいとは思っていない。いくら広く見てきたといっても、現実のごく一部を見てきただけであり、いわば「針の穴から天を覗く」に等しい。しかしながら多くの人たちが、それぞれの考え方を自由に述べあってこそ、初めて日本の林業の正しい姿と進むべき方向がとらえられると信じている。だから、研究者も林業関係者も含めてどんどん発言してほしいと思う。

【“森”は取り扱い区分によって呼称が異なる】

①植林の有無

人工林　植林して作り上げた森

天然林　種が飛んできたり、切り株から芽が出てきて出来た森

②樹木の用途

用材林　建築や家具用の木材の生産を目的にした森

薪炭林　薪や炭などの木材の生産を目的にした森

③樹種

針葉樹林　スギ・ヒノキ・カラマツなど針葉樹の森

広葉樹林　ナラ・カシ・モミジなど広葉樹の森

混交林　いろいろな樹種の混ざりあった森

④法律

保安林　環境・国土保全・水源などの機能を重視して、
国による伐採規制などがある森

普通林　保安林以外の森

⑤伐採方法

択伐《たくばつ》林　大きく育った立木だけを選んで伐採する森

皆伐林　生えている立木を一挙に全部伐採する森

⑥その他

法正林　毎年一定の樹齢で、同じ面積の伐採と植林を繰り返し、
永久に生産が維持できる森のあつまり

原生林（原始林）
人が関わっていない古くからの鬱蒼とした森

第一章　森と川との関係

第一節　京都の町と河川の関係

「はじめに」でも触れたように、数年前、京都の嵐山を流れる桂川が氾濫して、多くの料理旅館が水浸しになったことは、マスコミでも報道されたので、ご存じの方もあるだろう。その後、河川の浚渫《シュンセツ》（川底をさらえること）が行われて、ほぼ安全になったかのように見える。

しかしその後も豪雨が頻発するたびに桂川が増水して、歩道や車道にひたひたと水が押し寄せて、時には渡月橋や車道の通行禁止が行われている。そこで、川沿いの車道に可動式の堤防が作られることになった。周りの景観に配慮して、平常時には堤防は隠れていて、氾濫の危険がある時に地表に現れる。工事は２０２０年完了した。

一方、京都の町の真ん中を南北に流れる鴨川を見てみたい。

河川敷には遊歩道が整備され、京都市民の散歩やウォーキングの場となっている。四条大橋近辺の河原は、週末になると若い恋人たちのささやきの場となっている。

ところが、２０１９年の豪雨時には鴨川も異常増水して、オーバーフローすることも懸念された。

私の行きつけの理髪店は御所の北の方にあり、鴨川から300mほど離れている。そこの主人の話によると、先日、管轄消防署の職員がやってきて、「鴨川も豪雨によって氾濫する可能性もあるので、注意してほしい、もし、氾濫すれば、30㎝から50㎝の浸水が起こることもあるので」と忠告されたという。

一般的に河川は、周りの平地よりも低いところを流れているのが普通であるが、上流から流れてくる土砂が堆積してくると、次第に河床が上がってくる。それで、氾濫を防ぐために堤防を築くことになるが、それでもだんだんと河床が上がるので、そのたびに堤防のかさ上げが必要になる。土砂の流出量が多いとどんどん河床自体が高くなって、周りの平地よりも数メートルも高くなってしまうことがある。滋賀県に行くと、道路の上に河川が横断していて、トンネルのようになっているのが見られる。これを称して、天井川という。平城京の建設には大量の木材が必要とされ、滋賀県近江地方の森林が大面積にわたって伐採された。乱伐され荒廃した結果、山の土砂が河川に流出して河床が高くなり、ついに天井

桂川の増水（嵐山）

川になったと考えられている。

このような状態になるのを防ぐには、絶えず川底を浚渫する必要がある。

しかし、鴨川では、あまり浚渫は行われていないようである。すると消防署が言うように、豪雨があると、堤防を越えて川の水があふれて理髪店まで押し寄せてきて、京都の町も水浸しになるかもしれない。

先の桂川は、京都の西の端を流れていて、中心部からはかなり離れてはいるが、鴨川と桂川の両方が氾濫することも考えておかなければならない。

京都の町の北方には広大な森林が広がり、その森林に降り注いだ雨水のすべてがその二つの河川に流れ込んで、京都の町から淀川を経て大阪湾にそそぐ。

以上、京都の町と河川との関係を述べてきた。

第二節　京都の町と森との歴史

では、京都の住民と上流の森とは、経済的にはどのような関係を築いてきたのであろうか。歴史的に概観してみよう。

古く平安時代までさかのぼってみると、平安京造営にあたっての建築用木材調達のために、現在の右京区京北山国地域の原生林が伐採された。この原生林に代わって人工的に育てられたスギやヒノキが供給され始めたのは江戸期になってからである。木材を筏に組んで桂川に流して嵐山や梅津近辺で引き上げて、京都の市中に供給された。しかし京都の木材需要をそれだけで賄うことはできず、大阪を経由して諸国からも供給された。

森鴎外の小説に出てくる高瀬川は、京都の鴨川のすぐ西側にあり、角倉了以によって作られた運河である。その両岸には、今でも木屋町や西木屋町の町名が残っているが、木材を扱う多くの店が軒を連ねていた名残である。木材は、船運によって全国各地から淀川をさかのぼり、高槻、伏見を経由して運ばれてきた。

一方、京都で消費される薪や炭の薪炭材は、その多くが京都の北部の森林地帯から供給された。薪炭材はナラやクヌギが中心で、天然萌芽更新といって、切り株から新しい芽が出てくる習性を利用して10数年ごとに伐採ができたので、農山村地域ではとても有用な収入源であった。

京都近郊でいうと、左京区大原、花脊、広河原、右京区京北、南丹市園部、亀岡市などが薪炭の大生産地帯であった。桂川流域では、木材の筏の上に乗せる上荷として京都へ運ばれた。大原村の女性は、薪や炭を頭にのせて歩いて京都の町の中心部まで売りに行ったが、その様子は「大原女」として京都の時代祭りで再現される。

火祭で有名な左京区鞍馬には、街道筋に古き良き街並みが見られるが、それは、奥地の花脊や広河原地域から運ばれてきた薪炭の荷受け問屋の名残である。

また左京区貴船には現在10軒前後の料理旅館が軒を連ねて、とりわけ夏季には、貴船川にしつらえた納涼床で食べる日本料理が有名である。その起源は、鞍馬と同じく、奥地から運ばれてくる薪炭材の荷受け問屋であり、出入りする人たちにお茶や簡単な食事を提供したのが接客業の始まりである。

このように、古くから、北部の森林地帯は、京都市中への木材や薪炭の一大供給地であった。その限りでは、京都の住民は、森林と密接な経済的関係をもっていた。

しかし、昭和30年代からの燃料革命による薪炭の需要の激減は、その関係を大きく変化させることとなった。さらに高度経済成長による京都市内での木材需要の増加と輸送方法の陸送化は、外材を含む京都以外の地域からの木材供給を増加させて、両者の関係は希薄化した。

第三節　森の荒廃と土砂流出

森から河川に土砂が流れ込む仕組みは、実際に森の中を歩いてみるとよくわかる。

まず、スギやヒノキの木が生えている明るい森林をイメージしてほしい。

そういった森は、山を持つ人、つまり森林所有者によって、数十年前に苗木が植えられた。

その後は、植えた苗木がよく成長するように雑草を刈ったり、混み合うのを防ぐために間引き、つまり間伐をし、時にはいい木材を作るために枝打ちもしてきた。

植林したての段階では、樹木は1ha当たりおおよそ3千本ある。その森を何回かにわたって間伐をすると、50年生になった時には、千本以下に減少して、それぞれ20～30㎝の太さになり、建築用木材として利用できるようになる。

間伐のできているヒノキ林

間伐をすることで、森の中にはある程度の太陽の光が入ってくるので、多種類の草や小さい木が生えて、明るくてにぎやかな森になる。すると、土中にはミミズをはじめとする小動物やバクテリアなどが増えて、土中の空隙が多くなって、そこに蓄えられる水の量も多くなる。つまり、土壌の保水能力が高くなって、豪雨時に森がダムの役割を果たして、雨水が一挙に河川に流れ込むのを防いでくれる。

さらに、森に草や小さな木が生えていると、豪雨の時でも、雨粒が地面に当たる衝撃を緩和してくれるし、根っこがしっかりと網のように地面を覆ってくれているので、それだけ森の土は流されにくいし、崩れにくい。こうして、草や小さな木は、森の表土が斜面から流れ出るのを防ぎ、谷から川に出ていくのを抑えてくれる。温帯モンスーン地帯であり、雨量が多く、急傾斜の山が多い日本では、こうした森の役割は極めて重要である。

ところで、間伐の不足した森だとどのようになるだろうか。

そのような森に入ってみると、次のような光景が広がる。

まず気付くのは、木の本数や枝が多すぎて森の中にはほとんど日光が差し込んでいないことだ。日光が差し込まないと、森の中には、草や小さな木は育たない。極端な場合には一本も生えていない。昼間でも極めて暗く、日差しの強い夏であっても夕方の5時ごろになると真っ暗に近い。このような森は、暗くて、寂しいどころか恐怖感さえ感じる。

そして、このような森に豪雨の直後に入ってみると次のような光景が目に飛び込んでくる。まず、森の表土が流されて、スギやヒノキの根っこが洗われてむき出しになってしまっている。豪雨の前までは、根っこはほとんどが土に覆われて見えていなかったが、豪雨によって土が流されて根っこが現れたのである。地表は、斜面方向に所々えぐり取られて、小さい溝ができている。

さらに、この斜面の裾の方に移動してみよう。そこには、所々に小さい谷ができており、森が保水しきれなかった雨水が噴き出している。こういうところでは、山崩れが起きやすい。

さらに下に降りて、林道端まで来ると、谷を下ったがれきが林道に流れ出して、車が通れないほどに積もってしまっている。しかし、すでに多くの土やがれきがここを通って、谷川に注ぎ、そして支流から本流の桂川に入り、10数キロ下流の嵐山にまで流れていったに違いない。

桂川の上流には10万ha余りの森が広がっているが、その中の多くの森が間伐されていないか、間伐不足のために保水力が低下して、土砂の流出しやすい危険な森林になっている。山崩れが発生すれば危険度はさらに上昇する。

また、鴨川の上流にも1万ha近い森林が広がっている。

ただ、こうした森林から出てくる土砂やがれきが下流に流れないような防止策はとられてきた。上流の谷川や河川の所々に、背丈の低い小さいダムを作って土砂やがれきをためる方法である。これを砂防ダムや貯砂ダムというが、しかし最近の豪雨によって、こうしたダムも土砂が満杯になって、その機能はゼロになっている例が多い。

また、森の表土には、植物や動物の死骸によって作られた有機物が沢山含まれていて、それが自然の肥料になって、木も大きくなる。今でも熱帯地方で行われている焼き畑は、熱帯林を伐採した後に作物を植えて収穫するのであるが、それは森の土壌にたまっていた栄養分を利用しているのである。いわば自然農法で森は育つのであるが、大雨によって表土が流されると、森の土壌はやせてくる。流出量が多くなると、再び森に返すことはできない。

ここでは、京都を通る二つの河川だけについて述べたが、こうした河川と森林の関係は全国各地で見られ、すでにあちこちで氾濫の原因となっている。今から15年前、九州の竹材調査の際に一泊した人吉市の球磨《くま》川そばの老舗旅館も、令和2年の豪雨で大きな浸水被害を受けた。近年の豪雨による河川の氾濫や洪水の原因は、記録的な豪雨によるとされているが、実は、森林の荒廃も大きな要因になっていると私は考えている。

最近のように記録的な大雨が降ると、保水力の低下した森からは多くの雨水が出てきて、その結果河川の流量が一気に増える。その上、森林の中の表土が流れ出して谷川から河川に流れ込んでくる。すると、土砂が水量に加わるから、それだけ河川の水の体積が増えて水位が上昇する。さらに、比較的重いがれきが河床にたまり、河床は以前よりも上がった状態になり、その分だけ川の水位が上がる。こうして、森の劣化による「河川水の流量増加」「表面土砂の河川への流入」さらに「重いがれきの堆積」が三重の意味で河川の氾濫の可能性を高めるのである。

河川や森林の専門家や行政関係者はそのような実態をどこまで知っているのだろうか。もし知らないのだとしたら、まさに「木を見て森を見ていない」のであり、森林の専門家がそんな状態だとシャレにもならない。

嵐山の上流域に住み、林業を行い、絶えず森林を見回っていると、森林の荒廃と河川の氾濫との関係が、とてもよく理解できるのである。

第四節　大型機械による森林伐採が森をつぶす

さらにもう一つ取り上げたいのが、森林伐採による森林荒廃と河川との関係である。

２０１８年の秋のことであった。小学校からの友人から電話があって、相談したいことがあるので家まで来てほしいという。彼は、私の村を流れる川の上流の小さな集落に住んでいる。何事かと思って出かけると、山の伐採現場を見てもらってそこで話をしたいという。川の支流の小さな谷沿いに、林道を入っていくと、広大な森林伐採跡が見えてきた。

彼の説明によると、数か月前からここで森林伐採が始まり、先日ほぼ伐採が終わったところだという。森林所有者は、京都市内に住んでいるいわゆる不在村所有者であり、森林を伐採したのは京都の木材業者である。伐採された面積は合計で7haぐらいあろうか。山の斜面は50度ほどの急傾斜であり、伐採される以前の森には、40年生から60年生ぐらいのスギやヒノキが生えていた。

ここで問題なのは、伐採搬出の仕方と、事後処理の仕方である。山の斜面にブルドーザーによってつけられた新しい道がジグザグに走り、山の尾根の方にまで伸びている。林道から尾根筋までは高低差が70ｍくらいであろうか。林道からその道に大型機械が入り、伐採された木材を林道まで引きずり出したと思われる。そんな急傾斜地で、大型機械が転げ落ちないのかと心配になるくらいである。とにかく、山の斜面にはほとんど植生はなくなっていて、山の土が耕されたようにむき出しになっている。大型機械が森に入っていくと、森の中に残っていた小さな草木の根をはぎ取ったり、踏みつけて枯らしてしまうからだ。

傾斜が急なので、土がざらざらと下の方にずれ落ちたり、雨水で流れ出した跡があちこちにみられる。林道には流れ出たと思われる土砂の道筋がいくつも残っていた。すでにこれまでにかなりの土砂が谷川に流れ込んで、河川を通って嵐山にも流れていったであろう。

このように、大型機械の導入が森林を荒らして土砂の流出につながるきっかけになっている。そのうえ林道に沿った谷川には、伐採時にゴミとなって出てきた樹木の切れ端や枝が捨てられて、谷川の水を流れにくくしている。

その後、伐採跡地にスギやヒノキが植林された形跡はない。伐採あとの荒廃した状態がそのまま残されているのである。私の友人はこの谷川が河川と出会うところに住んでいるが、このような場所は、ただでさえ大雨の時は両方の水がぶつかり合って、水があふれやすい。その上にここからの土砂が加わったり、山崩れが起こると、洪水の危険度はぐっと大きくなる、それが彼の心配したことであり、それを防止する手立てはないかと、私に相談したのだった。

私もその伐採あとの状況に驚いたので、森林や河川を管理する京都市や京都府の担当者に後日現場に来てもらった。それを見た担当者は、「保安林であれば別だが、普通林なので、法的な措置をとることはできない。このままの状態で放置するしかない」という。（保安林というのは、水源涵養や土砂の流出、山地崩壊などを防止するために、森林伐採の規制が行われたり、伐採あとの再植林などが義務化される森林であり、日本の森林の50％ほどを占める。）このままの状態で5～6年間放置すると、残っていたスギやヒノキの根っこが腐って、土壌保持力が急激に低下する。すると、豪雨で、土砂がさらに流出し、大規模な山地の崩壊が起こる可能性は十分にあるが、行政的には何の防止策もとれないのである。

以上、第三節及び第四節でみてきたように、従来、森林は保水をしたり、土砂流出を防止する役割を果たしていたのであるが、近年、間伐不足や大型機械による伐採によりその役割を失って、河川の氾濫を加速する存在になりつつある。

では、以上のような森林の荒廃、つまり暗くて怖い森や荒れ果てた森はなぜ増えているのだろうか。その元凶は、日本林業そのものにある。第二章では、日本林業の実態についてみていくことにしよう。

第二章　日本林業の実態

第一節　森林と林業の概要

日本の森林や林業についてごく簡単に触れておこう。

国土のうち、森林の占める面積割合を森林率という。日本の森林率は68％であり、世界ではフィンランドの73％に次いで第二位である。その意味では森林大国である。温暖多雨のこともあって樹木が育ちやすく、地中海沿岸などの乾燥地域と比べると、はるかに緑豊かで恵まれた国である。

森林の区分としては、針葉樹林、広葉樹林といった分け方や、人工林、天然林という分け方がある。スギやヒノキ、アカマツなどは針葉樹、クヌギやナラ、ブナ、カシなどが広葉樹である。人の手で植林された森が人工林、自然に芽生えてきたのが天然林である。本論で対象にするスギやヒノキの林業では、すべてが人工林である。日本の森林の中でスギやヒノキなどの人工林が占める割合は40％であり、残りは天然林である。

我が国には、古来より所々にスギ、ヒノキ、ケヤキなどの原生林があり、そこから伐採された木材が建築をはじめとしていろいろな用途に利用されてきた。人口増加や都市部の発展に伴う木材の需要の増加とともに、次第に原生林の資源が減少・枯渇してきたので、それを補うためにスギやヒノキなどの植林が行われるようになった。日本で早くから植林が始まったのは、奈良県の吉野地方や京都の北山地方と言われ、６００年の歴史を持ち、世界で最も古い。その後、江戸時代を通じて徐々に植林が拡大していくが、いまだ地域的には限定されていた。スギやヒノキが全国規模で広がっていくのは第二次大戦後である。

それまでは、農山村といえば、里山の一部にスギやヒノキの森があるほかは、大部分がクヌギやナラの薪炭林（薪や木炭の原料林）やアカマツ林などの天然林であった。ところが戦後の燃料革命によって、主なエネルギー源が、薪や炭から電力やガス・石油といった化石燃料に転換していく過程で、薪炭需要は激減した。一方では、戦後復興や昭和30年代からの高度経済成長過程で建築用材の需要が急増して、スギやヒノキの価格は大きく上昇した。

このような状況の中で、多くの森林所有者はそれまでの薪炭林をスギやヒノキの人工林へと大転換を行った。こうした天然林から人工林に転換することを、専門用語では拡大造林という。また木材価格の上昇をきっかけとして、昭和36年には、それまで輸入制限されていた外材の輸入が始まった。

日本のスギやヒノキの森の大部分が、このような昭和30年代から40年代にかけて植林された、比較的若い森なのである。現在、日本の年間森林伐採量はおよそ4千万㎥であり、木材自給率は35%である。森林は毎年成長し続けているので、その成長量の範囲内で伐採しても、その2倍ぐらいは伐採可能と思われるが、現在は到底そのレベルには達していない。その理由は、後でも触れるように、林業経営の採算が採れないことによる。

第二節　林業経営の収支

林業経営とは、一般的には森林所有者が、収入を得ることを目的として、スギやヒノキの森づくりを行うことを言う。我が国では、森林の所有規模は大小さまざまで、1ha未満から大きな会社だと数万haに達するが、数からいうと、10ha未満の規模が圧倒的に多い。世界的に見ても小規模の森林所有者の多いのが特徴である。昭和40年ごろまでだと、50ha以上の森林所有者であれば、林業だけで生計がたてられ、それ以下の場合は、農業などとの兼業が多かった。現在だと、採算悪化によって、200ha所有していても専業での自立は難しい。一方、世界に目を移すと、例えば北米では、四国ほどの面積（180万ha）の森林を持つ企業も珍しくなく、日本とは桁違いに大きい。

スギやヒノキを植林し、それを数十年間育て、建築用材として利用できる大きさになると伐採する。所有規模が小さい場合は、植林から伐採まで自家労働力だけで行うケースもあるが、労働力を雇用することもある。直接に雇用する場合もあるが、森林組合に依頼すると、すべて森林組合が代行して作業をやってくれる。

林業の特徴は、一つは、他の産業には見られない数十年という長期の生産期間が必要であること、そして二つ目は、植林から始まる森づくりがすべて屋外で行われ、全面的に自然力に依存して行われることである。同じ一次産業であっても、農業とも大きく異なり、肥料や農薬も使わず、灌漑設備やビニールハウスも持たない。

一般的に、森林所有者はスギやヒノキを立木《りゅうぼく》のままで木材業者に販売する。1本や数本単位で売ることはめったになく、ふつうは0・5haとか1haとかの面積をまとめて販売する。その場合は立木全部を伐採するので、業界用語で皆伐《かいばつ》という。木材業者は各種の機械や装備を備えていて、労働力を雇用して伐採を行い、3~4mの丸太に切って搬出し、トラックで運んで木材市場《いちば》や製材工場などに販売する。森林組合がこの木材業としての事業を行うこともある。伐採した後には、再びスギやヒノキを植林するのが、従来のやり方であった。

製材工場（宮崎県）

それでは、ここでは林業経営の採算を検討するにあたって、森林・林業白書と著者の情報収集と経験から経営の収支についてみてみよう。

表—1は、森林所有者が雇用労働を用いて森づくりをし、60年生の1haのスギやヒノキの森を立木のままで販売した時の収支を表している。ただし、森づくり費用については、過去60年間にかかった費用の合計を現在の貨幣価値に直して示している。（その間のインフレによる貨幣価値の変動や、投下費用の60年間に及ぶ複利計算などは考慮していない）

●表—1　林業経営の収支　(1haあたり万円)

項目	金額（補助金なし）	金額（補助金あり）
立木販売価額（A）	90	90
森づくり費用（B）	280	70
差し引き純収入（A－B）	-190	20

＊平成30年版森林・林業白書および筆者の情報収集と経験に基づいて作成

立木販売価額として手に入る収入が平均して90万円である。森林の立地として林道から遠く離れて不便な場所であるとか、手入れが悪くて価値の低い場合は、木材業者がタダでも買ってくれないので、その場合は売買が成立しない。従ってそのようなケースはこの90万円の中には含まれておらず、売買が成立した場合の一般的な立木価額を表している。

1haは100m四方の面積であり、60年間育ててきた森林には大型トラック15台分以上の木材があり、それを全部販売して手に入る金額がたったこれだけの金額である。なぜこうした低い価額にならざるを得ないのかについては、第三節で詳述する。

次に経営の支出としての、森づくり費用については280万円である。その費用の詳細については第四節で述べるが、収入となる立木の販売価額と差し引きすると、なんと190万円のマイナスであり、巨額の赤字となる。林業の実態についてあまりご存じない人は、何かの間違いではないかと思われるだろうが、これが紛れもない現実である。この赤字こそが、日本の森林が荒廃する元凶なのである。

こんな状態だと、森林所有者は立木を販売する気にはなれないだろう。それなのに、現実にはなぜ森林が伐採されて木材が市場に出てくるのであろうか。経済行為として商品を販売する場合、少なくともその商品の原価（商業の場合は仕入れ価格、生産業の場合は生産原価）に加えて、いくばくかの利益が回収されないと、経営は成り立っていかない。しかしこの林業経営では、利益はおろか原価さえも大きく割ってしまっている。これでは原価割れ覚悟の投げ売りであり、すでに経営の持続は諦めている。だからこの林業経営は破綻状態である。このような状況下では、森林所有者は、次のように考えるのである。

森づくりにかかった280万円はこれからかかる費用ではなく、過去のものである。また、森林所有者は、借金をして森づくりをすることはほとんどないので、借金返済の必要もない。

すでに数十年も前に消費してしまったものと考えれば割り切りやすい。だから、今となっては、280万円のことは考えずに、目の前にある森からどれだけの収入が得られるかにのみ関心があり、立木が90万円で売れればそれでよしと考える。だから伐採して裸になった山に再びスギやヒノキを植林して、森づくりに再びお金を投下するなんて全く考えていない。伐採した後は野となれ山となれである。それは正に森林の荒廃の原因であり、河川の氾濫にもつながってくる。「それではあまりにも無責任ではないか」と言う人もいるだろう。しかし再植林にかかわったら、収入以上のはるかに大きな支出が新たに必要になるので、そのようにならざるを得ない。

恐らく日本の森林所有者の多くがこのような崖っぷちに立たされている。

巷間言われているように、中国の資本が日本の森林を買い占めている話を聞けば、自分の森林も買ってほしいとひそかに思う森林所有者も少なくないはずである。

ここで触れておかなければならないのが、日本の森づくりに対する補助金制度である。国土保全や水源涵養、それに地球温暖化問題に対応するための政策である。詳細には触れないが、一定の条件を満たせば国と地方自治体合わせて、森づくり費用の70~80%がサポートされる。地域によって異なるので、仮に一律75%の補助があるとすると、表—1の森づくり費用280万円のうちの75%、つまり210万円が補助され、残りの25%が自己負担分で、70万円となる。しかしその場合でも収入は同じく90万円であるから、林業経営の純収入はたったの20万円にしかならない。だから手厚い補助金があっても、森林所有者が再び植林をして、今後60年間にわたって森林の手入れをする気になれないのもよく理解できる。

日本で最も森林の伐採量が多いのは宮崎県であるが、伐採された跡地に再植林される割合が30％にすぎないと聞いても、その割合は逆に高すぎるのではないかと思うほどである。

第三節　なぜ立木の販売価額はそんなに低いのか

第二節では、立木の販売価額が低いと述べたが、ここではその立木価額が決まる仕組みについてみてみよう。

表―2は、丸太が取引される市場での売買価額から、それまでにかかった伐出費用などをさしひいて立木価額を算出する、いわゆる市場価逆算方式に従って整理したものである。

ここでは、木材業者が60年生の森林1haから伐採した木材を、丸太として木材市場や製材工場で販売する価額を丸太販売価額とする。1haの森林からは、およそ400㎥の木材が出てくるが、そのうち、最も価値の高い木材は建築用材に、その次のものは合板などに加工される。その材積がおよそ300㎥である。あとの100㎥が曲がりの大きい木、腐りの入った木、幹の切れ端や先端部分などの低級材であって、価格としては建築用材の二分の一である。こうし

●表－2　立木価額の決まる仕組み（1haあたり）

項目	金額（万円）
丸太販売価額（D）	390
伐出費用（E）	240
木材流通費用（F）	60
立木価格（D－E－F）	90

＊平成30年版森林・林業白書および筆者の情報収集と経験に基づいて作成

た低級材がバイオマスエネルギー用になりうるが、同じように伐出費用が掛かるので、よほど立地のいいところでないと木材業者としては、ペイしない。だから、そのような木材は森林所有者にとっては全く収入にはつながらない。

よく、木材のバイオマスエネルギー発電は、日本林業の救世主になるという意見もあるが、それはとても難しい。日本のバイオマス発電に関しては電力の買取価格が高く設定されているが、燃料の多くは熱帯産のヤシ殻、つまりヤシ油をとった後のヤシ殻などが多く用いられる。いわば、産業廃棄物が大量に輸入されて燃料として用いられている。コストとしては、集荷費や輸送費だけがかかっていて、本体の価格はゼロに限りなく近いのである。従って、それと競争するには、木材の場合は、製材工場で出てきた木材の切れ端であるとか、さらに木造建築の解体現場から出てくる廃材、つまりゴミや廃材といった、本来なら捨ててしまうものしか対象にならない。それぐらい価格の安いものなのである。だから、日本では高い経費をかけて伐出した木材を、バイオ発電に使うのはコスト的に不可能である。確かに、ヨーロッパでは木材を利用したバイオ発電が盛んであるが、それが成り立っているのは、一つは、日本に比べて木材の伐出コストがはるかに低いこと、二つは木材を利用した発電に対して手厚い財政サポートが行われているためである。

少し横道にそれたので、再び表—2に戻ろう。

したがってここでは、建築用を中心にした木材だけを対象にすると、1㎥あたりの丸太価格がおよそ1万3千円なので、300㎥の丸太だと、丸太販売価額として390万円になる。

この丸太は、木材業者が伐採・搬出し、木材市場までトラックで運搬した木材で、その全コストをここでは伐出費とする。それは㎥あたりおよそ8千円程度と思われるので、それを300㎥にかけ合わせると、240万円となる。

そして木材流通費用（木材市場の経費など）を、60万円と考える。丸太の販売額から伐出費と木材流通費用を差し引くと90万円となり、これが森林所有者に立木代金として支払われる金額である。

木材市場（三重県）

上記の計算の中で、「伐出費の２４０万円は高すぎる、これを削減できれば、森林所有者はもっと手取りが多くなるのではないか」という意見もあろう。それについては、あらためて第五節で検討する。

第四節　森づくり費用について

スギやヒノキの森づくりはどのようにして行われ、どれくらいの費用が掛かるのであろうか。森づくりは、植林から始まると思っている人が多いが、実は植林のための準備段階もなかなか厄介である。例えばスギやヒノキが生えていて、皆伐された後に再び植林するとする。伐採をした木材業者は、その中で価値のあるものだけをそこから持ち出すので、それ以外の不要な木材、腐った木、樹木の端切れ、それに枝や葉っぱはそこに残ってしまう。

植林するにはそれを片付けて、さらに跡地に生えている雑木類を取り除いて、できるだけ植林スペースを確保して植林しやすいように準備が必要である。この作業を地拵《じごしら》えという。外国のように平坦地だと、ブルドーザーを使って作業すると1ha当たり一日もかからないが、日本のように急傾斜地であると機械を使えず、すべて手仕事になるので、膨大な手間とコストがかかる。

植林の準備ができれば、40㎝ほどの苗木を一本一本植え付けていくが、これもすべて手作業で行う。鍬で植え穴を掘り、根っこが十分に土に隠れるように植えていく。１人が一日で３００本植えの工程で、１ha当たり3千本植える。植林は3月ごろが適期であるが、５月ごろになると新しい草の芽が出てくる。そのまま放っておくと8月ごろには繁茂して苗木を覆いつくして、苗木の多くが枯死してしまう。雑草に覆われて日陰になって炭酸同化作用が出来なくなるからである。それを防ぐためには、植栽した年から下草刈り、つまり下刈りが必要である。苗木が小さい間の5〜6年間は必要で、場所によっては年に2回必要である。雑草の繁茂は梅雨時が一番激しく、6月から8月にかけての暑い時期の作業なので、森づくりとしては過酷で、最もコストのかかる作業である。農業であれば、農薬をやれば済むことであるが、山村では谷水を生活用水として利用しているために、谷水の汚染につながるようなことはできない。

植栽されたスギ（京都市北区）

　7年生以降は苗木も大きくなり下刈りは不要であるが、クズやフジなどのツルが樹木に絡みつき、放っておくと樹木を枯らしてしまうのでツル切りに巡回しなければならない。また積雪地帯では、積雪で苗木が倒れるのでその手当も必要である。（そのほか、下刈りが完了したあとにも雑木が生えてくるので、それを除く除伐という作業も必要であるが、ここでは下刈りの中に含めている）。

土地の条件やスギやヒノキの成長度合いにもよるが、数十年生で伐採するまでに少なくとも2～3回は間伐が必要である。間伐にもコストがかかるが、ここでは、間伐した木材も少しは収入になるので、間伐収入＝間伐費用として相殺されると仮定して、間伐費用は考えないことにする。3千本植林して、数回間伐を繰り返して伐採時には5百～千本の密度になるようにする。劣勢木といって、どちらかというとひ弱な木、曲がった木、腐りの入った木などを選んで間伐する。すると残った木は成長のいい真っすぐな木となる。

それなら、最初から植栽本数を少なくして700本植えれば、間伐はいらないのではないかと思われるだろう。しかし植栽の本数を少なくすると、第五節でも見るように、いろいろなデメリットが出てくる。森というのは、ある程度の密度で混み合って競争することで、樹木は細長く成長して、まっすぐでいい木材ができるのである。

枝打ちされたスギ（京都市北区）

もし、節の少ない美しい木材を作ろうとすれば、さらに枝打ちが必要になる。特に我が国のスギやヒノキは枝が太くて、枯れても枝が落ちにくいので、枝打ちをしないと大きい節の木材しか取れない。しかし、戦後に始まった新しい林業地ではあまり枝打ちは行われてこなかった。だから、日本の国産材は節が多くて大きいので、世界的に見て決していい木材とは言えない。最近では、枝打ちを行っても、それに見合った木材価格にならないので、枝打ちのインセンティブは働かない。したがって、ここでは枝打ちはしないものとして費用を計算する。

表―3は1ha当たりの森づくりの費用を表している。

●表―3　森づくり費用（1haあたり）

費用項目	金額（万円）
地拵え	240
苗木	
植林	
下刈り	
鹿ネット	40
合計	280

＊筆者の情報収集と経験に基づいて作成

今まで述べてきた地拵え、苗木、植林、下刈りの費用全てを合わせて240万円かかる。

それに近年は、シカの食害が多発していて、多くの地域でそれを防ぐために植林地を防護する鹿ネットの設置が必要である。鹿ネットを設置しないと、植林した苗木が食害で全滅してしまう。時によっては二重に張り巡らせることもある。そのための費用がおよそ40万円かかる。この費用を足すと、森づくり費用は合計280万円になる。

第五節　コストの削減による経営採算の改善は可能か

以上みてきたように、森を育てて国産材を生産するには多くのコストがかかる。それゆえに林業経営の採算は合わず、森林所有者の意欲は減退して森林は荒廃するばかりである。しかし、日本の森林を統括する林野庁は我が国の林業を決してあきらめていない。あきらめるどころか、林業を成長産業と位置付けて積極的な政策をとっている。

その内容を要約すると、「林道網を拡充し、伐採搬出に大型機械を導入して、伐出のコスト削減を実現する。その手始めはまず間伐材の生産であり、徐々に皆伐につなげていく。他方では、それら木材を消費する産業を育成する。大型の製材工場や合板工場、それに木材を燃料とするバイオ発電を拡充して、建築用のいい木材から燃料の低級材に至るまで、森から出てくるすべての木材を消費する構造を作ることで、日本林業を維持発展させる。そのための補助金は惜しまない」である。

この政策を見る限り、どちらかというと川下政策であり、川下を発展させることで上流の林業を成長させようという考え方である。そして最近の森林・林業白書においては、オーストリアの林業事例を引用して、これをモデルとすれば日本林業も浮上可能であるとしている。

それでは、林業経営の改善策、とりわけコストの削減による林業の浮上はあり得るのだろうか。ここでは、大きく分けて二つの方法、一つは、伐出コストを削減することで、立木の販売価額つまり収入を増加させることができるのか、さらに、森づくり費用を削減することで、林業経営の支出が軽減できるのか、それらの結果として、林業の経営採算はどれだけ改善できるのかについて検討してみよう。

第一項　伐出コストの削減

最も効果的だと思われるのは、林道の建設と大型機械の導入である。従来から、日本でも多くの林道が森の中に付けられてきた。もちろん、全額自己負担して、森林所有者が林道を作ることもあるが、大部分が国や地方自治体の高率の補助金によってつけられてきた。そしてとりわけ最近20年ほどの間には、林道の建設とともに、伐採や玉切り（長い木材を3ｍや4ｍの短い丸太に切ること）、搬出に用いる大型機械が導入され、それも補助金によって促進されてきた。つまり林道と大型機械とをセットにして、伐出作業の効率化を図った結果、ある程度のコスト

林道（京都市北区）

削減は実現した。

大型機械が導入される以前は、チェーンソーで伐採と玉切りをし、丸太を架線で搬出するのが一般的であったが、この方法だと1㎥あたり1万円以上かかる。最近では大型機械も導入されてはいるが、依然として架線に頼らざるを得ない場所も多いので、平均すると8千円ぐらいであろう（この伐出コストには、丸太の搬送費も含む。伐出コストについては、国際的に、1㎥あたりで計算されるのが一般的なので、ここでもそれに従う）。最近では、実験的には、最高4千~5千円程度までのコスト削減例も示されているが、それは、なだらかな斜面で大型機械を用いて行われる特殊な場合である。そのように条件の良いところは、それこそ富士の裾野などの限られたところしかない。

また、平成30年版の森林・林業白書では、伐出コストは、オーストリアの5千円を目指すべきだとしている(ただしここには丸太の搬送費も含む)。オーストリア並みに林道を拡充して、大型機械の導入によって実現可能というのであろう。しかし、オーストリアの年間降水量は800ミリ程度であり日本の半分以下で、もっとも雨の多い7月でも、せいぜい150ミリ程度で集中豪雨もない。その上、日本と同様オーストリアの山の傾斜も険しいといっても、それは北欧や北米に比べてのことであり、日本に比べるとかなり緩やかである。だからオーストリアでは、道幅の広い林道の建設ができて、大型の伐出機械や輸送用の大型トラックの導入が日本よりもはるかに容易なのである。

我が国は、年間雨量がオーストリアの2倍あり、梅雨期もあり台風も来て集中豪雨も起こりやすい。そこで最も懸念されるのは、第一章の森林伐採現場でも見たように、大型機械の使用が拡大して伐採跡地が荒廃し、それが河川の氾濫につながることである。だから我が国においては、大型機械の導入にあたって配慮しなければならないことが多く、林道の建設にも注意が必要である。２０２０年9月に台風10号が九州の西の海上を通過した。その時の大雨によって宮崎県の椎葉村では山が崩れて住宅を飲み込み、外国人研修生も含めて数名の死者を出したが、その山崩れは建設された林道の路肩から崩落した。林道建設が、山の崩壊の原因になることは少なくないのである。

オーストリアの山村

したがって、地形が似ているからと言って、オーストリア方式を日本林業の目標に置くこと自体間違っている。オーストリアのいい側面だけを捉えて議論するのは机上の空論どころか、極めて危険でさえあり、これも「木を見て森を見ない」類であろう。

従って、我が国の自然の特殊性を考慮すると、そう簡単には伐出コストは下がらず、最大でも20％削減できる程度であろう。そこで伐出コストが20％削減されたとすると、６４００円となり、伐出費用は表―４のように、１９２万円となる。

第二項　森づくりコストの削減

森づくりのコストを下げる方法としては、すでにいろいろな試みが行われている。今までよりも疎植にして、つまり苗木の間隔をあけて植林することで、苗木代を節約し苗木を早く成長させて下刈りの回数を減らす方法、成長の早い早生樹を植林して下刈りの回数を減らす方法、地拵えと植林を同時に行ってコストを下げる方法、ポット苗を用いて植林のコストを下げる方法などの研究が進められている。しかし疎植にすると枝が太くなって節が大きく数も多くなる。早生樹で森を作ったとしても、年輪幅の大きい柔らかい木材となる。いずれにしてもこうした木材は材質の低下は避けきれず、今のスギの価格を大きく下回るに違いない。また疎植にしたり早生樹を用いる方法は、後に見るようなニュージーランド林業の方法に近いと思われるが、ニュージーランドでは、材質低下を防ぐために、すでに枝打ちが広範に行われている。また疎植にすると、我が国のような気候下では、かえって生えてくる草の量が多くなって下刈りコストが増す可能性もある。

●表—4　費用削減できた場合の林業経営収支（1haあたり）

収入		支出	
項目	金額（万円）	項目	金額（万円）
丸太販売価額	390	削減後の伐出費用（300㎥×6,400円）	192
森づくり補助金（168万円×75％）	126	木材流通費用	60
		削減後の森づくり費用（280万円×60％）	168
合計収入額	516	合計支出額	420
		最終収支	96

＊平成30年版森林・林業白書および筆者の情報収集と経験に基づいて作成

地拵えと植林とを同時に行う方法は、平坦地で大型機械の使用を前提にすれば可能性はあるだろう。また、ポット苗は北欧ではかなり一般化していて、緩傾斜地での植林にはメリットがあろう。

しかし日本にはそうした方法が導入できるところは極めて限られている。仮に、百歩譲って、いろいろな工夫や技術革新で、森づくり費用が40％削減されたとしよう。すると、森づくり費用は表—4のように168万円となる。

このように努力して伐出費用と森づくり費用の両方が削減されたとして、改めて林業経営として、1haの立木を販売した時の収支計算をしてみよう。その内容を示したのが表—4である。

まず、森づくりの補助金を考慮しないで計算してみると、丸太の販売価額が同じく390万円である。一方、支出としては、削減後の伐出費用が192万円、木材流通費用が60万円、それに削減後の森づくり費用が168万円であるから、この段階での収支は表には示されていないが、差し引きマイナス30万円となる。残念なことに、あらゆる費用削減を図っても収支はマイナスとなって林業経営は成り立たない。

次に、森づくり補助金を受け取るとすると、168万円の75%の126万円が収入となるので、先ほどのマイナス30万円と差し引きすると、最終収支は、表のように96万円となり、ようやく黒字となる。

こうして林業経営は、森づくりの自己負担分、つまり168万円の25%である42万円を投下して、60年間かけて96万円の最終利益を得ることができるが、これほど努力してこの結果だと、何とも魅力に乏しい厄介な産業であると言わざるを得ない。

林野当局は林業を成長産業と位置付けているが、このような費用削減の可能性と、それに基づく林業収支については、どれほど検討されたのだろうか。そのような検討もなしに成長産業を謳うのであれば、森林所有者や林業経営者に対する欺瞞であり、はなはだ無責任と言わねばならない。

また、林学や森林科学の研究者も、林野当局に対して忖度することをやめて、科学者としての客観的な意見を述べねばならない。

第六節　丸太販売価額を引き上げることは可能か

採算改善の最後の方法は、丸太の販売価額を引き上げる方法である。丸太価格は木材市場や製材工場などに販売される時の木材価格であり、木材市場では、魚市場のようにセリによって価格が決められる。国内には数十の木材市場と数百の製材工場があって、ほぼ毎日丸太の取引が行われており、特に木材市場の価格情報はオープンである。それに諸外国からは国産材を上回る量の木材が常時輸入されている。従って日本全体としては、全国の木材市況や外材の木材市況の中で、個別の丸太価格も決まってくるので、国産の丸太だけが独歩高というわけにはいかない。ただし、あまり市場に出てこない特殊な丸太、例えば数百年生の大きな丸太や特別の枝打ちをした美しい木材それに銘木といわれる特殊材などは、一般の木材よりも高い価格になるが、それは商品として希少だからであり、そのような特殊な木材は木材価格の一般的な指標にはならない。

また木材については、日本では昭和30年代より自由貿易が始まり、今ではほとんど関税がゼロの状態である中で、輸入材に関税をかけて国産材を保護するというわけにもいかない。

第七節　林業経営をめぐるその他の課題

林業経営をする上で、採算の問題は最大の課題であるが、それ以外にも多くの課題がある。すべてを述べることはできないが、いくつかの点についてみてみよう。

第一項　労働賃金

林業労働者数は、この数十年の間、減少の一途をたどっているが、最近は森づくり面積も縮小傾向にあるので、必ずしも労働力不足が生じているとは言えない。ただ、このまま労働者数が減少していくと、これからの森づくりは出来なくなり、いくら林野当局が頑張ってみたところで、絵に描いた餅になる。

きつい、汚い、危険といったいわば林業の３Ｋが嫌われているのは確かであるが、一番の問題は、林業労働者の年間所得の低さである。今まで検討してきた伐出費用や森づくり費用の計算の根拠は、林業労働者の日当がおよそ1万5千円で計算されている。この賃金水準は、現実の賃金の反映でもあるし、また国の補助金の算定基準にもなっている。

森林所有者や木材業者、それに森林組合に雇用されている労働者は、月給制になっているケースもあるが、現実には日給制が一般的で、40代50代になってもそのままの水準であることが多い。林業労働は屋外での労働であり、雨の日は働けないので、年間労働日数は２２０日が限度であり、それで年間収入を計算すると、最大３３０万円である。若い世代であればそれでいいだろうが、40代50代になると、家計が維持できなくなって途中退職する人も多い。

もう30年も前のことであるが、シベリアで働く林業労働者に賃金について伐採現場で聞いたことがある。すると、「ヨーロッパロシアの工場労働者の2倍の賃金をもらっている。そうでないと過酷なシベリアで林業労働に就く者はいない」という答えが返ってきた。また、カナダの伐採現場で働く労働者は、「工場労働者の賃金よりも少し高めなので、あまり不満はない」という事であった。

カナダの伐採現場で働く労働者（アルバータ州）

さらに林業労働は、大きな危険が伴いかつ厳しい作業であることを加味すると、日本では、少なくとも日給２万円が一つの目標になるだろうが、これだと林業の採算はますます厳しくなる。しかし、賃金問題を解決しないことには、日本の林業の将来はないといってよい。

第二項　森林管理の難しさ

日本の宅地や農地については、測量が実施されて土地登記簿には正確な地図が添付されている。ところが森林については歴史始まって以来測量が行われたことはない。登記簿の地図は頭の中での想像図であり、面積も極めていい加減である。登記簿に1haと記載されていても、実際に測量すると1・1haのこともあれば、なんとその10倍に達することもある。

昭和26年から森林の測量調査が始まってはいるが、遅々として進まず、実施面積割合は50％にも満たない。私の住んでいる京都市は２０２０年現在ゼロである。

だから、森林の境界紛争が起こった時は、境界を確定するための客観的証拠がないために、所有者が困るだけでなく、裁く方の裁判官も困る。最初に述べたように、私の所有林の管理のためにGPSを利用して境界確定を行い、地図を作製したのであるが、隣の所有者との立会いの下での確認がない限り、法的には絶対的とは言えない。

森林の多くは人里からかなり離れていることが多く、それゆえの管理の難しさがある。それをつくづく実感したのは、40年ほど前に立木の盗難に遭った時である。

所有する森林が集落から3キロほど離れたところにあり、そばに林道が通っている。道端に立っていた４００年生の立派なヒノキ6本が、ある日盗まれたのである。一夜のうちに大型トラックとクレーン車とでやってきて、チェーンソーで一挙に伐採して持ち去ったらしい。私の山にはこんなに大きい立木は他にはないので、先祖代々「大事にせよ」といわれてきた。警察がやってきて色々と現場を調べてくれたが、証拠が全く残っていなかった。現場に汚物が見当たらないからベテランの窃盗団だと推定された。何故なら、初心者だと緊張して、たいていは現場に汚物を残すのだそうである。

こうした立派な木材だと、普通は奈良県や三重県などの木材市場に出材され、そこでセリにかけられることが多いので、いくつかの市場に、木の大きさや樹種・樹齢、それに切り株の写真を添えて、それらしき木材が出てきたら連絡をお願いしたいという依頼状を出したものの、どこからも返事はなかった。

それから半年ほどして、西舞鶴署から連絡があった、「窃盗団を捕まえた」と。木材を満載したトラックが踏切で脱輪して調べた結果、その木材が盗木だと分かり、さらに犯人の余罪を追及して、私の森林からの盗木も発覚した。すでに私の木は兵庫県の豊岡の木材市場で売却されていたが、私は豊岡の市場には依頼状は出していなかった。

さらに半年ほどたってから、今度は弁護士から電話があった。現在その犯人の裁判が進行中で、刑を軽減すべく努力しているが、そのために被害者との間で示談を進めている。それに応じてもらえないかと、賠償金額を提示された。その金額が、私が評価した損害額の十分の一以下だったので、腹立たしく思って断ったら、それっきりになって、結局一円も戻ってこなかった。今から思えば、たとえわずかでも応じておけばよかったと悔やんでいるが、後の祭りである。

話は変わるが、最近の国の報告によると、「九州ほどの面積の土地が相続されずに放置され、所有者不明になっている。しかも毎年その面積が増加しつつある」という。その大部分が森林であると想像するに難くない。

その最大の要因は林業の不採算性にあるが、もう一つの理由としては、森林を所有することの負担感があるのではないかと思う。

所有に関して、もう少し身近な話をすると、昨年、私の近所に住む森林所有者がこんなことを言っていた。「私の子供は、みんな京都の町に住んでいて、林業とは全く違う仕事をしているんですわ。この間のお正月に帰ってきたとき、子供が言うには、もう山なんてとても世話できないし、お金にもならないどころか相続税や固定資産税も多少はかかってくる。だから、お父さんが死ぬまでに全部売ってお金に換えておいてそのお金を私に頂戴ねと言うんですよ」と。そのご主人はその後まもなく亡くなられたが、山の方はどうされたのだろうと、他人事ながら気になった。

また、私と親しい隣の町の木材業者は、私に会うたびに次のように愚痴をこぼす。「最近は山主さんから材木を分けてもらおうと思えば、土地ごとでないと分けてもらえないのですよ」。

つまり、森林所有者から立木を買いたいと思っても、立木だけでなく土地部分も含めた森全体を買い取らなければならないというのである。それは、森林所有者にとっては、もう伐採跡地に植林をする意欲もお金もなく、所有しているだけで税金もかかるので、森全体を手放したいという事なのである。そして続けて、「そんなことで、私も何十haという、裸の山を抱えているんですわ。岩井さん、少しでも山を買ってくれませんか」と。こんなことを聞くととてもさみしい情けない思いになってしまうが、同時に、森林を所有することによる相続税や固定資産税の負担感が感じられる。

相続税に関して、私は30数年前、静岡県の森林所有者の団体から依頼されて、「森林の相続税問題」というテーマで調査をしたことがある。当時、森林所有者に相続が発生した場合、相続税負担が大変で、2回相続すれば家が潰れてしまうとさえ言われていた。何故そんなことになるのかを客観的に解明してほしいという依頼趣旨であった。相続を経験した10軒前後の森林所有者を訪問して、1軒当たり5時間かけて相続財産や支払い相続税額、それに相続人についての詳細な聞き取り調査と資料収集をした。プライバシーに関することも多かったが、丁寧に答えていただいた。

森林を相続する場合は、所有している林地部分と立木部分とに分けて評価される。林地については、評価ははるかに低いが、宅地と同じように取り扱われて相続財産となる。しかし、林業経営においてとりわけ問題となるのは、立木の部分であると考えて分析して、その結果明らかになったのは、次のような事であった。

「林業の場合は、生産期間がとてつもなく長いので、植林されてから伐採されるまでの50年から60年の間に必ず相続が発生して、その都度立木にも相続税がかかってくる。」つまり、まだ商品になる前の半製品ともいうべき若い立木にもすべて相続税がかかるのである。しかもご丁寧な事には「50～60年の間には少なくとも1回以上、多い場合には2回も相続税がかかる。」「林業の生産物である立木は、そのような相続税を支払わないことには商品が生産できないと考えると、相続税は、森づくりの費用として考える必要がある」と。

生産期間についてみると、一般の製造業であれば、1～2か月、農業で数か月、果樹だと桃・栗で3年、柿8年、ウイスキー醸造でも20～30年であるから、林業の場合はダントツに長い。

そして、森林所有者の所有する財産額によってかなり異なるが、50～60年間に平均して1・5回相続が発生して相続税を支払うとすると、1ha当たり、森づくり費用とほぼ同じくらいの相続税が支払われていた。というのも、調査対象にした森林所有者の所有規模が数百haと大きくて、地方の資産家と呼ばれる人たちなので、森林以外の財産額も大きく、その結果、相続税の支払い額が大きくなる。その上、当時の立木の相続財産としての評価額が、現在に比べてかなり高かったので、このような大きい負担として算出されたのである。

この調査報告を出した後、国税当局から依頼があって、職員向けに立木の相続税の問題点について講演をしたことがある。

最近では、相続税の基礎控除が高く、しかも立木の相続財産としての評価額も極めて低くなっているので、立木については、さほど相続税を意識する必要はないが、相続税に対する先入観念がいまだ残っているようである。

なお、現在の森林の相続税は、他に所有する財産額にもよるが、20~30ha程度の森林であればほとんど心配しなくてもよい。

また、固定資産税は、一般の土地や家屋などと同じように、森林のうち林地部分だけに毎年課税されるものである。地域や立地によって異なるが、1ha当たり2千円程度であるし、保安林に指定されていれば、免除される。

以上のように、林業経営だけにとどまらず、森林を所有すること自体に消極的になり、さらに所有権を放棄する人が増えて、その結果、行き場のない森林も増えていることは、ゆゆしき問題である。

第三章　外国林業の強さの秘密

こんなにも日本林業が苦しんでいる一方で、海外の林業はどのように行われているのであろうか。日本に木材を輸出している国々では、採算が採れているのであろうか。

世界には、儲かる林業はあるのだろうか、あるとしたら、それはどのような林業で、それを真似したら日本の林業も儲かるのだろうか。

私たちの知りたいことは沢山あるが、私は、それに対してどれくらい答えられるだろうか。今、すべてを明らかにできるデータを持ち合わせてはいないが、できるだけ真実に迫っていきたいと思う。

我が国が多くの木材を輸入している国々では、林業が行われ木材が生産されて、日本の林業とは競争関係にある。その中で群を抜いて大きい輸入先はアメリカとカナダであり、それに次いで、ロシア、フィンランド、スウェーデン、ニュージーランド、オーストリアの順といってよい。

幸いなことにも、いずれの国も、かつて私も訪問し聞き取り調査を実施してデータを集めた国々である。ただ、フィンランドには1年近く滞在したが、そのほかの国々は、せいぜい2ケ月以内の滞在であるので、林業の詳細を理解しているわけではない。すべてを理解するには、1か国だけでも一生かかるに違いない。所詮、私の見てきた現場は、各国のほんの一部であって、それだけで話をすると的外れになってしまう可能性もある。しかし、未知の世界に臨む第一歩とはそのようなものであり、そこからしか議論は始まらない。ここでは、敢えてこうした国々に共通する林業の特徴を引き出してみたい。

第一節　輸入材は高品質

シベリアの森林もほぼすべてが天然林であるが、その冷涼な気候ゆえ、立木の成長は遅く、太くても直径30㎝を超えるのは少ない。ツンドラ地帯に入ると、300年生の樹木であっても背丈が1m以下であり、まるで盆栽のようである。シベリアの森林からは100年生以上、アメリカ、カナダの天然林からも100年生以上、北欧の森林からは90年生以上、それにドイツやオーストリアの森からは80年生以上の立木が伐採される。いずれの地域の気候も、日本よりも冷涼で少雨のため、樹木の成長は緩慢で枝も細い。それゆえに年輪幅が小さく、かつ節が小さくて少ない。枝打ちがまったく行われていなくても、長い成長過程で、枝の多くは自然に枯れ落ちて、その結果節の少ない美しい木材が採れる。この木材こそが、日本人が最も好む木材

アメリカの大型製材工場（女性のオペレーター）

なのである。だから、こうした森林から伐採された木材のうちで、さらに節の少なく、年輪幅が小さくて、美しい材面を持つものがセレクトされて、優先的に日本に向けて輸出されてきた。

例えばアメリカのワシントン州やオレゴン州それにカナダのＢＣ州の大型製材工場は、年間１００万㎥近くの丸太を挽く世界でも最大級の工場であり、丸太の集荷範囲は数百㎞に達する。工場と工場の間隔も１００㎞以上離れている。森林から伐採された丸太は、超大型トレーラーで貯木場に集められて、ここで用途別に分類される。製材工場向けと輸出向け、合板工場向け、チップ工場向け、とおよそ4分類される。丸太価格もこの順に高い。

製材用の丸太は、太さや質に応じて、いろいろな建築用材に加工される。もう30年も前になるが、訪れた工場で、販売担当者に聞いてみた。「当製材工場で製材加工される建築材は、木材の質によって販売先が違うのか」と。すると、その答えは次のようであった。「当工場では、製材品の等級を五等級に分けます。最上等の一等級は日本向け、これは全体の上位10％です。

二等級はヨーロッパの先進国向け、つまりイギリス、ドイツ、フランスです。三等級はアジアの中進国向けつまりシンガポール、台湾、香港、韓国です。四等級はアメリカ国内向け、そして最下等の五等級は中近東向けです。中近東の諸国は節があろうと、少々曲がっていようと何でも買ってくれます。こうして、当工場の製材品のすべてのグレードのものが世界各国に販売されていくのです」と。

このことから、次のように言える。

アメリカの森林で伐採された木材のうち、最上等の丸太が、まず製材用に分類される。製材加工された製材品のうち、最上等の一等品が日本向けに輸出されるのであるから、三段論法に従うと、アメリカの森林から出てきた最上等のもの、おそらく数%だけが、日本に向けて輸出されるのである。つまり日本は、アメリカの森から出てくる最もいい木材だけを買い集めているのである。何社か訪れた工場でも同様の答えが返ってきた。

100万㎥もの丸太を消費する大型製材工場であれば、もとはと言えばそれの何倍もの丸太から自社工場用に選別して、さらに出来上がった製材品の中から最上等のものを選ぶわけだから、商品としては均質な品揃えが可能になる。とにかく、森林から出てくる母数が巨大なのでこうした均質化も実現する。

製材品でなくても、丸太としても全く同じことがいえる。貯木場に積んである丸太で、日本に輸出される丸太が最上級であると説明を受けた。このような丸太を業界ではJソートと呼び、JはJAPANの意味である。そして韓国向けの中等品はKソート、中国向けの良くないものはCソートと呼ばれる。

では、日本向けに輸出される最上級の製材品とは、どのような条件を持っているのか。

それは、できるだけ節が少なくて小さいこと、年輪の幅が小さく、色つやの良いもの、加工しやすいこと、それに均質であること、これが必要条件である。

以上述べた事実は、およそ30年前の状況であるが、聞くところによると、最近日本に輸入される木材も、以前とさほど変わっていないようである。

なお、欧米においても節の有無によって木材価格に2~3倍の差があるが、日本においてはその差はずっと大きくて、いい木材なら高く買ってくれるので、日本に対して節のない材を輸出することは、とても有利なのである。

かつて、シベリアのバイカル湖近くの伐採現場を訪れた時にも同様のことを聞いた。シベ

日本に輸出される丸太（カナダ）

リアで生産される木材のうち、最も良質のものはすべて日本向けであること、それ以外のものはシベリア鉄道でヨーロッパロシアやヨーロッパに出荷されるという事であった。

先日、それを実体験する機会があった。

自分の家の小さな修理をしようと思って、タルキが必要になった。材木店に行って見てみると、ロシア材と日本のスギ材とが並んでいた。価格は、ロシア材の方が10～20%高かったけれど、節がほとんどなくてとても色が白くて美しい、その上に年輪幅が小さい。それに比べてスギは節が沢山あって白色と芯材の赤黒い色とが混ざって、見た目に美しくないし、年輪幅も大きい。(芯材とは丸太の中心部でタンニンが沈着して、赤黒い色をしている。それに対して辺材は丸太の周辺部で白い色をしている) そしてロシア材を実際に使ってみると、節が小さくて少ないので釘がどこにでも打ててとても作業がしやすい。

このように、価格は確かにスギ材の方が少し安いけれども、見た目の美しさや使いやすさでは、ロシア材の方がはるかに上回っている。輸入される木材は、現地で厳選されてく

シベリアの森林伐採

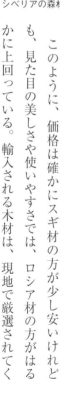

るだけあって、材質的には大変スグレモノなのである。

ではなぜ、そのようなセレクトされたものが日本向けに輸出されるのであろうか。

これも30年前のことであるが、アメリカ調査から帰ってしばらくして、大手住宅メーカーの東京本社を訪問して、木材の仕入れ担当者に質問したことがある。「貴社はアメリカ製材品のうち、最も良いものを輸入して住宅に使用しているのか」と尋ねると「その通りです」と返答があった。そこで、「ではなぜ、そのようないい木材だけを使用しているのか」と再度質問すると、次のような答えが返ってきた。

「私どもがお客様からの注文を受けて住宅を建てていると、施工中にお客様が現場においでになることがある。その時、例えば柱に使っている木材に節があったり、色むらがあったりすると、傷物だから新しいものに取り換えてほしいと言われたことが何度かある。そのたびに、新しいものと取り換えると、はめ込んだ柱を取り外して無傷の柱を入れなければならず、そうするとコストと時間がかかり、利益が減ってしまうのです。それならば最初から、少々高くても決してクレームの出ない節の少ない美しい木材を使った方が得策なのです、それと節の少ない木材は加工もしやすいですからね」と。

その答えを持って、再びアメリカワシントン州を訪れて、日本向け専門に製材品を生産して輸出する会社を訪ねて、日本の大手住宅メーカーの話をぶつけると、「確かに、日本向けの木材は、完全無欠のものをセレクトしています。それだけ厳選するのだから、それだけ価格も高くなりますが、それでも日本のバイヤーはこぞって買ってくれるので、大切なお得意様です。そんな高い木材を買うバイヤーは世界で日本だけです。本当に、日本サマサマです」という事であった。その会社でちょうどお昼になったので、昼食をごちそうになったが、出されたのがなんと漆塗りの重箱に入った和食の仕出し弁当だった。日本からのバイヤーが多いので、近所に仕出し弁当屋ができたそうである。

日本にフィンランドから製材品が輸入され始めたのは25年ほど前である。そのころ私はフィンランドの長期滞在を終えて帰ってきたばかりであったが、聞き取り調査でお世話になった大手の製材会社から連絡が入り、「日本の製材品市場について教えてほしい、特に日本の市場はどのような質の木材を望んでいると思うか」という内容であった。それで私は、アメリカやカナダの製材工場での聞き取り、それに日本の住宅メーカーでの聞き取りから明らかになったこと、つまり、「価格が少々高くても、節の少ない美しい木材が望まれている」と返事した。その答えがどれほどの影響を与えたのかはわからないが、フィンランド製材企業に何らかの影響を与えたと思っている。

最近は調査をしていないので正確なことはわからないが、ヨーロッパ産の節の少なくて美しいトウヒやヨーロッパアカマツの製材品が日本のホームセンターに並んでいるところを見ると、やはり、フィンランドをはじめとするヨーロッパ諸国からも厳選された木材が輸入されていると思われる。それは、我が国にまだ「木の国の文化」が残っているためでもあろうし、また日本の消費者が一般に高品質を望むためでもあろう。

第二節　日本人好みの品質とは

話は変わるが、ある時、大手デパートの婦人用毛皮の仕入れ担当者に会って話を聞いたことがある。「婦人用の高級毛皮は、どのようにして仕入れるのか」と尋ねると、その答えは次のようであった。「毛皮の原産国はロシアや東欧諸国ですが、それを加工して縫製しているのはイタリアなどのヨーロッパの国です。私どもは縫製工場に直接買い付けに行きますが、その時できるだけ大きな虫眼鏡を持参します。工場に並んでいるコートの一品一品虫眼鏡で見ながら、抜け毛がないか、色むらがないか、縫製のほつれがないかを厳しく検品します。その結果、完全無欠のものだけをセレクトして買い付けます。」と。「そんなに厳選すると、仕入れ価格が高くなるのでは」と尋ねると、「確かにとても高くなります。でも、もし欠陥のある商品を仕入れてデパートの売り場で販売し、買われたお客様が、後日、シミがあるので交換してほしいといってこられると交換しないわけにはいきません。私どもの信用にかかわりますので、引き取った商品はもう私どもの店頭では販売することができません。しかしそうなるとそれだけの損失になりますので、少々高くても、最初から欠陥のない商品を選んで仕入れることにしているのです」

この毛皮の選び方は、商品は違っても先ほどの木材の選び方と全く軌を一にするものであり、日本人の消費者としての特質をよく表している。

さらに次のような話も聞いた。「シンガポールや香港に行くと、日本のデパートで売られているのと遜色のない毛皮が安く売られているのを見受けますが、あれは、私たちがヨーロッパの縫製工場で厳選した後のものが仕入れられて売られているのです。安いのは関税云々だけの問題ではないのです。もちろん、私たちが選ばなかったものでも、一見したところ、何の問題もない商品も多いのですが……」と。

しかし、こうした細かい点にまでこだわる日本人の特性が、日本の自動車や家電製品の品質を世界のトップにまで押し上げたとも言えるし、一方では、世界各国から最上質のものばかりを選んで輸入することによって、日本の物価を押し上げているともいえよう。

東京の物価が世界でもトップクラスであるのも、そんなところに一因があるのかもしれない。ところ変わって、ノルウェーのオスロの寿司屋に行った時のことである。まだ午後の4時ごろだったので客は1人しかいなかった。マグロの上トロを頼んでしばらくして出てきたのは、中トロにも及ばない普通のマグロに近いものだった。寿司を握っていた中国人の板前に「このトロはあまりよくないね、日本のトロと比べたらだいぶん違うよ」と言ったところ、「確かにお客さんのおっしゃるとおりなんですよ。このあたりで使っているマグロは大西洋産で、ヨーロッパの港に揚がるんですが、その中でいいマグロはみんな日本の商社が買い付けてしまうので、ヨーロッパの寿司屋にはいいトロは手に入らないんですよ。仮にセリで手に入れたとしても高い仕入れ値になり、そんな高いマグロを店に置いても食べるお客がいないんです。だからお出ししているトロもこんな程度なんです。その代わり、お手頃の価格ですよ」という返事だった。

近くに座っていたご婦人がこの会話を聞いていて話しかけてきた。中国人と思っていたがなんと大阪生まれの日本人だった。20年前にノルウェー人と結婚して、こちらで現地ガイドをしているのだけれど、時々お寿司が食べたくなってこの店に来るのだという。「時々、夕食においしい日本料理を家族に作るのだけれど、いくらおいしいのを作ってもノルウェー人は余り賞味しないので、もうこの頃は努力するのを諦めてしまった。どうも味覚と言うのは小さい時から決まっているようで、いくら大きくなってから訓練してもダメなようですよ」と言う。

そうなんだ、だからノルウェーでは、おいしいトロは評価されないことがこれで分かった。それは、フィンランド人にも同じことが言えそうだ。もう40年ほど前のことだったが、京都にフィンランド料理店ができた。最初は物珍しいのかにぎわっていたが、1年ほどたつと急に客が少なくなってきて、2年ほどで閉店した。確かにフィンランド料理は、フランス料理とも全く違って珍しかったけれど、メニューが少なく味が単調だった。たぶん、フィンランド人はおいしいと思う料理なんだろうけど、日本人の口には合わなかったのだろうなと思う。

ヨーロッパ料理の中でも、フランス料理やイタリア料理・スペイン料理などのラテン系民族の料理は日本人も好むが、北欧やイギリス・ドイツと言ったゲルマン系の料理はあまり好まないようである。それは街で見かける各国レストランの数を見てもよくわかる。たしかにイタリア料理レストランは多いけれど、ドイツ料理レストランは少ない。

要するに、日本人はラテン系民族と同じく、味に敏感なとてもグルメな民族であって、幸せである。おそらく日本のように料理がおいしい国は、温暖で食材も豊かなのだろうが、木材に関していうと、温暖な地域よりも冷涼な地域の方が、節が少なくてきれいな肌の木ができるのだから、世の中はうまく行かないものである。

第三節　北米の森林・林業

まず、アメリカ西海岸のワシントン州、オレゴン州、カナダBC州、アルバータ州の森林はとにかく広大で、日本の森林とは桁違いである。大部分の森は原生林であったが、次第に減

カナダの森林（アルバータ州）

少してきた。そこでは、大型の林業機械がうなりをあげながら森の中に入っていき、バッサバッサと森を伐採している。ほとんどの森林が平地林であるか、またはゴルフ場のような丘陵地で、林道を付けなくても大型機械が入って行って自由に動いている。我が国でいうと、富士の裾野や十勝地方の広大な平野が、延々とつながっていると思ってよい。

大面積の森林を対象にして、大型機械で伐採と搬出、それに数十トン積みの大型トラックで丸太搬送をし、大型製材工場で大量の製材品を生産するシステムがすでに数十年前に出来上がっている。

今から20年前のアメリカの国内の新聞には、次のような記事が載っていた。

アメリカ国内のある州で、「道路端にある1haの森林が売りに出され、立木の買い手を探している。ところがいまだに買い手が見つからない。その理由は、取引単位としての森林が1haでは小さすぎるのである。なぜなら、森林の伐採には大型の機械が使われるが、1haだけの伐採だと半日ぐらいで作業が終わる。大型機械の稼働効率を上げようと思えば、せめて数十haの森林をまとめて伐採する必要があり、それ以下の面積だと事業の対象にはならない」というのである。

日本では、数十haの森林がまとめて伐採されるのは大変珍しいが、アメリカではそうした大面積伐採が普通なのである。アメリカ林業は、規模の生産性から言って、世界で最も進んでいると言える。それだけ低コストで木材が生産できる仕組みが出来上がっている。

北米で最大級の林産会社は、九州と四国を合わせたほどの面積の森林を所有して、伐採した丸太や自社で加工した製材品を大量に日本に輸出している。

北米のオールドグロスといわれる、数百年生以上の大径木の森は原生林であり、大きいものになると直径が3mを優に超える。その森林は人間が作りあげたものではないので、森づくりのコストは全くかかっていない。おそらく、今から60年ほど前には、見渡す限り原生林が続いていたであろう。当時はそんな森が普通であったから、立木の値段もタダに近く、切り出された木材も伐出経費にマージンを乗せた程度の低価格であった

アメリカのオールドグロスの切り株（ワシントン州）

ろう。もし、今そのような立木が目の前にあって、値段をつけるとしたら、いったいどれくらいだろうか。1本が300万円くらいだろうか、いやもっと高いかもしれない。しかし、このようなオールドグロスの立派な森林は、今では国立公園以外ではほとんどなくなってしまった。

ただ、西海岸地域では、伐採された後に再び植林される割合はあまり多くないようである。というのは、この地域では伐採あとをそのまま放置しても自然に樹木の芽が出てきて、森が再生する、つまり天然更新が容易なところも多いからである。林道端にあって、きわめて利便と地形がよく、短伐期林業に適していると思われるところに植林が行われているようである。

そして、植林をして森を育てる費用も大変安い。下刈りも1回程度で済むし、ある企業では、林業労働者にメキシコからの出稼ぎ労働者や時には国内の囚人を使っていた。

一方、アメリカ南部では、サウザンパインという早生樹を広大な平地に植えて、25年間育てて伐採する林業が大きくなり始めている。今までの数百年の原生林を伐採して木材を生産してきた林業とは大きく異なった新しい林業である。もっとも、木材の材質はあまりよくないが、木材の加工技術の発展によって、今まで使いにくかった住宅用材などにも使えるようになっている。アメリカの大手林産企業は、従来は生産拠点を西海岸に置いていたが、次第に南部に移しつつある。

こうした短伐期で伐採と植林を繰り返す林業の方が利益率が大きく、林業に関する投資ファンドも一般化しているほどであり、今後はこうした林業が拡大する可能性は大きい。これに類した林業は、後にも述べるように、ニュージーランドやチリ、ブラジルそれに東南アジアの熱帯にみられる。

ヨーロッパや北米では空気が乾燥していて、我が国のようにじめじめしていない。

カナダの植林地（アルバータ州）

アメリカ西海岸の森林は、夏の乾燥時期には入山禁止になることが多い。気温が30度を超えると森林火災発生の危険が急激に高まり、火が付くと大火災になりやすいからである。森林地帯の中を国道が走っている場合、国道の両側50ｍほどの森林を伐採して、防火帯としているのを時々見かける。

２０１９年末よりオーストラリアでも大規模な森林火災があって大面積の森林が焼失し、コアラの多くが焼け死んだ痛ましいニュースは目新しい。オーストラリアにはユーカリの森が多いが、ユーカリ油が多く含まれているので、発火しやすくて火災が広がりやすいのである。

晴れた日に、広大なユーカリ原生林を遠望すると、緑色と藍色とが混ざったような神秘的な色合いをしているが、それは、空気中に気化した油脂分が広がって見える色だと聞いたことがある。

海外ではしばしば大きな森林火災が発生するので、国や地方自治体、それに大学などには森林火災の専門家がいる。4年に一度、森林の国際会議が開かれ、部会の一つに森林火災部門がある。会議の途中で開かれる懇親会などに出て「あなたの専門分野は何か」と尋ねると、よく「forest fire」という答えが返ってくる、森林火災の専門家である。我が国には森林火災の専門家なんていない。日本では、大規模な森林火災がほとんどないからであるが、何故だろうか。

その答えを知ったのは、つい最近のことだった。映画館で、アメリカの森林火災で、30人の消防士が犠牲になった実話を映画化したのを見た。森林火災の消火に当たる消防士は、一般の消防士とは異なり、特殊な技術と装備を持ち、火に巻かれた際、地面に伏せて火が通りすぎるのを待つ時に用いる特殊防火マットを常時背負っている。日本は多湿な気候であるため、乾燥しても空中湿度は10％を切ることはほとんどない。しかしアメリカでは夏季に数％になることが時々あり、高い気温と相まって、チェーンソーの火花だけでも危険なので、森林の伐採はもちろんのこと、森林への立ち入りが全面禁止となる。

日本では多湿であるがゆえに森林火災は少なくて幸いであるが、多湿ゆえに下刈りコストがかさんで林業が成り立たないとは、なんとも皮肉なことである。

カナダでは森林火災専用の巨大な水上飛行機を見せてもらった。山の中の湖に2機の消火専用機が止まっていて、大面積の森林を所有する林産会社の所有だった。大きな胴体の機内には10畳ほどの広さの部屋が5～6室あって、ここに水を貯える。大きな森林火災が発生すると、消防士が消火してもとても手に負えないので、飛行機から消火活動をする。離水した飛行機は再び湖面まで下りてきて、水鳥のように胴体を擦り付けて湖水を吸い込み、火災現場上空で一挙に放出して消火する。機体に水を取り込むと、旋回時に機体が不安定になるので、操縦が大変難しく、一月前に1機墜落したそうである。ハワイまで往復できる航続距離を誇るが、自前で消火用の飛行機を持たねばならないほど、カナダの森林は広い。

第四節　フィンランドの森と林業

次に、フィンランドについてみてみよう。

私がフィンランドでの研究のためにヘルシンキに着いたのは、25年前の春4月であった、本当は、3月の半ばの予定であったが、あいにく1か月前にインフルエンザにかかり、その後も喘息のようにせき込みが激しくなかなか治らなかったから、出発を延期したのである。日本で医者に行って咳止め薬を調合してもらい、さらに漢方薬店でも薬草をもらってきた。フィンランドは日本よりもはるかに寒い国なので、咳がひどくならないかと心配したのである。

フィンランドの国際空港バンタに降り立つと、4月とはいえ肌を刺すような冷たさであり、不凍港といわれるヘルシンキの港にも薄い氷が張っていた。その途端から、あれほど激しかった咳もぴたりと止まってしまった。昔、喘息を患ったら、転地療養をすすめられたと聞いたことがあるが、その意味が分かるような気がした。

研究員としてヘルシンキ大学にお世話になるので、滞在用のアパートを借りてそこで生活することになった。

フィンランドの首都は60万人余りの人口であり、人口規模でいうと、鹿児島市ほどの大きさである。町を歩いてみると、繁華街だけは賑やかではあるが、その他はいたって静かで、寂しさが漂う街である。中央ヨーロッパの町から見れば、田舎の町に来たかのようである。

確かに、フィンランドの人たちはヨーロッパの国々に比べて、自分たちの国は田舎だと思ってきたようである。だから絶えず、ヨーロッパ諸国に遅れてはならないという意識が強く、英語教育が小学校から行われてきた。その結果、小学生以上は英語が流暢である。私の英語はつたないが、フィンランドでの現地調査でも英語で十分に伝わった。

さて、郊外に目を移してみよう。

フィンランドは、オーロラが見られる極北の地域を除いて、とにかく山らしいものが一切ない。フィンランドは森林率が73%で世界第一位の森林大国である。私がフィンランドを選んだ理由はそこにあった。

森と湖の国と言われているように、森と湖がモザイクのように広がっている。当初は、日本とはまるで違った光景に心弾んだが、山が見えないと次第に山が恋しくなってくる、森が平地や丘陵地に存在する光景はアメリカやカナダで十分に見てきた。でも見ようと思えば、車で2時間も走ればなだらかな山を見ることができたが、しかし、ここフィンランドではいくら車で走っても山が見えない。それだけで気持ちがイライラするのを初めて経験した。とにかく、総ての森が平地にあるのである。

フィンランドの森と湖

思い起こすと、そういえばシベリアの森もずっと平地にあった。でも森としてはフィンランドの方が整然としており、シベリアの方が切りっぱなしで貧弱な森が多かった。
余談であるが、ひょっとしたら、シベリアでは森林の過伐が進んでいたのかもしれない。なぜかと言うと、バイカル湖の湖沼研究所に立ち寄った際、所長が「最近は森林の伐採が進んで、透明度世界一と言われるバイカル湖も汚れ始めて心配している」と言っていたからである。真相を聞きたかったが断念した。何故なら、私たちの林業ツアーは外国人立ち入り禁止の地域にもたびたび入ったので、当時は、外国人監視の役目もするソビエトインツーリストの担当者が私達に付きっきりで、国家に不利なことは知られたくないような雰囲気だったからである。

さて本論に戻ろう。フィンランドは、もともと林業と林産業が盛んで、国の基幹産業であった。その後は大型クルーズ船を作る造船業や携帯のノキアなどの新しい会社が有名になった。フィンランドの主な輸出品の一つが、木材や林産物で、丸太、製材品、パルプや紙製品である。そのため毎年約7千万㎥の木材が伐採されていて、これは日本の伐採量の2倍近くである。森林面積は、フィンランドの方が少し小さいにもかかわらず、これだけの伐採が行われている。過伐状態ではないが、森林蓄積量に対して、かなりの限度いっぱいにまで伐採が行われていると思われる。25年ほど前から、日本に対する製材品の輸出が始まり、最近では、日本の製材品輸入先では第3位を占める。

フィンランドは木材生産量に対して、人口がとても少ない国なので、多くの製材品をヨーロッパ諸国に輸出している。30年前のことであるが、ドイツの製材工場を訪れた時、次のような話を聞いた。「私たちドイツも沢山の木材を生産しているけれども、北欧に比べると気候が温暖なため樹木の成長が早いので、年輪幅がどうしても大きいし、節も大きい。だから、年輪幅の小さくて節の少ない北欧材に比べると材質としては劣っているので、屋根組などの構造材に使っている。そして、いい材質の木材はフィンランドなどから輸入していて内装材に使っている」と。ヨーロッパにおいても節のあるなしで、木材の価格は2～3倍程度違う。従って、ヨーロッパ市場においてはフィンランド材の評価は高いのである。

フィンランドでは90年生以上、ドイツでは80年生以上で伐採されるが、フィンランドの気候がより冷涼なため、丸太が細く、その分、年輪幅が小さくなるのである。現在では、そのような木材がセレクトされてフィンランドから日本にも輸入されている。

フィンランドの森林は、大手の林産業会社の所有林もあるが、個人の所有林の方が多い。個人の所有者が加盟する協同組合があり、木材を販売するにあたっての価格は、組合と林産業との間で取り決めた価格基準に基づいて販売されるので、日本のように森林所有者がいくらで木材を売っていいか迷うという事はない。つまり、木材取引についてはとても透明性が高いと言える。ただ私のいた時には、少し木材価格が低かったこともあって、森林所有者は林業経営にはさほど魅力を感じていなかった。

フィンランドでは、日本と比べて信じられないほど、林業の生産コストが低い。森づくりのコストと木材の伐出コストの両方が低いのである。

気候が夏涼しくて湿度が低いこと、それに年間雨量が少ないので、下刈りなどの森づくりのコストが、日本では考えられないくらい低い。

私たちが、夏に欧米諸国を旅行した時、気温の割には陰に入ると涼しくて気持ちがいいと感じるが、それは、湿度が低いからである。その湿度の低さが、雑草の生えるのを防いで、森づくりコストを抑えているのである。だから、ゴルフ場にも雑草が生えにくくて芝生管理が容易なので、ゴルフ代も安く済む。

フィンランドで最も伐採量が多いのはヨーロッパアカマツで、次いで多いのはトウヒである。アカマツの場合は、伐採した後は天然更新が行われる。伐採にあたって、生えている立木を全部切るのではなく、数%の木を残しておくと、マツの種が伐採跡地に風によって散布されて地表から自然に芽が出てくる。隣のスウェーデンでも同じ方法である。

これを天然下種更新といって、植林しなくてもいいのでコストが安くつく。ただ、トウヒはこの方法はあまり適していないので、一般的には植林が行われる。植林をするには植林をする場所を、整地してきれいにしなくてはならないので、天然下種更新よりはコストがかかる。しかしこの作業も、平地林なので、大型のブルドーザーで地拵えを行えば、1ha当たり半日で済ますことができるので、作業は簡単でコストも安く済む。

こうして、フィンランドでの植林から始まる森づくりであっても、2020年現在1ha当たり30万円前後で済む。アカマツの場合だと、もっとコストは低くなるはずである。日本の場合だと、すでに述べたように、１ha当たり２８０万円かかるが、フィンランドではおよそ十分の一で済むし、天然更新だともっと少なくて済む。

ニュージーランドでも30万円前後であり、シベリアではすべてが天然更新で、森づくり費用はゼロに近い。さらにスウェーデンでの最近の例を見ると十数万円である。それはスウェーデンでは、フィンランドより天然下種更新による手間のかからない方法が一般的だからであろう。

スウェーデンの天然下種更新（ヨーロッパアカマツ）

以上のことから、世界の主要な林業国での森づくりの費用は大体が1ha当たり30万円前後と考えてよい。

それに対して、日本の林業は、世界でも途方もなく高いコストのかかる国であり、林業経営は最も不利な条件下にあるといってよい。

フィンランドでは、地形が平たんなため、森を伐採して木材を搬出するコストも低く抑えられる。フィンランドの伐採搬出についてみてみよう。

フィンランドは林業及び林産業が国の基幹産業であったがために、世界的に見ても伐出機械産業のレベルは高い。ただ、アメリカやカナダの伐出で使われるアメリカ製の大型機械は、そのままフィンランドで使うには大型すぎる。というのは、アメリカでは、森林伐採の面積はフィンランドよりも数倍大きいからである。そこで、フィンランドの伐採面積に最も適した大きさの機械が開発され改良されてきたのである。

話は変わるが、20年ほど前、住友林業の技術者が、フィンランドの伐出機械メーカーのエンジニアを連れて大学に来られたことがあった。住友林業が所有する北海道の森林伐採に、フィンランドの機械を導入して伐採しようとしたが、コクピットの計器盤や操作レバーが複雑で、住友の社員ではとてもうまく操れない。それで、わざわざフィンランドからエンジニアに来てもらって、機械操作の研修を受けているのだという。その時、エンジニアが私に言ったことで印象的だったのは「今回、日本のいろいろな林業地を見て回ったが、我がフィンランドの伐出機械がその能力を発揮できるのは、日本では北海道の平野部か、富士山の裾野だけだと思う」。という言葉だった。

大型機械による地拵え（フィンランド）

フィンランドで見られる伐採地は、一般的には2〜10ha程度と思われるが、そのようなところで使われる機械が日本に輸入されても山の傾斜が急なので、なかなかその真価を発揮できないのである。

ところで、フィンランドでの伐出のみのコスト（丸太の運搬コストは除く）はおよそ1㎥あたり3千円である。そして工場までの丸太運搬コストが千円といったところである。カナダやアメリカでも平均して伐出のみのコストが2千円から3千円なので、世界の機械化の進んだ地域では、ほぼこのレベルと考えてよいだろう。

フィンランドの大型伐出機械

第五節　ニュージーランドの森と林業

南半球のニュージーランドの林業を見てみよう。

ニュージーランドは、かつてはオーストラリアに次ぐ羊毛生産国であり、広大な丘陵地に多くの羊の放牧がおこなわれていた。ところが化学繊維の台頭によって、羊毛産業は次第に衰退していき、羊の牧畜も縮小せざるを得なくなった。余った放牧地の最大の利用方法がラジアータパインの植林であり、次いで、ワイン用のブドウ栽培、日本向け野菜の栽培やシカの牧場などが続いた。

ニュージーランド林業の中心は、北米原産のラジアータパインを植林して、30年生で伐採する短伐期林業である。ラジアータパインはニュージーランドの気候に適し、成長が極めて早いので30年で十分に伐採できる。しかし、成長の早い分だけ、年輪幅が大きいために、建築材としての用途は狭く、日本では梱包材を中心に加工されてきた。ニュージーランドの丸太の価格が、他の輸入材に比べて低いのはそのためである。なお日本には、ほかの国々と同じく、選別された良質の丸太が輸入されている。

ニュージーランドの森林伐採

こうした林業経営は十分に採算がとれ、林業としては短期に伐採できることもあって、一般市民の投資の対象にもなっている。

そして、ニュージーランドには、ラジアータパインを原料にするパルプや製紙会社も多い。将来のパルプ用としては、ユーカリの木が植栽されている。10年生で伐採して、切り株からの萌芽更新（広葉樹では伐採あとの切り株から新しい芽が出てくるので、植林は不要である。これを利用して森づくりを行う方法である。ただし針葉樹では、難しい。）によって森を再生させる新しい林業が始まっている。これだと植林しなくてもよいので、さらに森づくりコストが抑えられる。しかしあまりにも材質が柔らかいので、建築材などには全く使えないが、そういった林業も日本の大手商社によって進められている。

私たちの使っている、ティッシュペーパーに「ネピア」という商品名があるのをご存じだろうか。ネピアはニュージーランド北島にある小さな町の名前である。そこには日本の王子製紙と現地資本の合弁会社が経営する製紙工場があり、日本向けのティッシュペーパーを作っている。その町の名前をもらって、「ネピア」を商品名としているのである。

最近、すでに「ネピア」の原料にユーカリの木材が使われているようである。

ユーカリの植林（ニュージーランド南島）

第六節　インドネシア・カリマンタンの森と林業

30年前、日本企業と現地企業とが森林開発しているインドネシアの現場を訪問した。ジャカルタからボルネオ島のバリックパパンへ飛び、そこから会社所有の10人乗りのプロペラ機に乗り換えて、島の中心部まで1時間かかった。ボルネオ島は、マレーシア領とインドネシア領とに分かれ、インドネシア領がカリマンタンと呼ばれていて、赤道直下の熱帯雨林地域である。着陸した飛行場はなんと砂利道で、荷物を運んでくれるのは人力のリヤカーであった。

マラリアの汚染地域なので、大阪の病院まで行ってマラリアの予防薬をもらって、日本出発5日前から飲み始めての現地入りだった。それだけ注意したのは、私の大学の同級生が商社に勤め、カリマンタンの森林開発に携わっていたところ、マラリアで命を落としたからである。

宿泊するのは現地事務所に付属するゲストハウスで、古いけれども洋風のおしゃれな建物で5部屋あった。聞くところによると、インドネシア独立前の宗主国オランダが熱帯林の伐採のために建てた建物で、オランダの技師とその家族が宿泊するために建てられた。

そこに3泊して、原生林の伐採現場、植林現場、広大な伐採跡地、それに森林開発と再造林のために作られた村を訪ねた。伐採現場では大きな機械がうなりをあげて大きな木を切って運び出していた。川のほとりまで運び出していかだに組んで3日がかりで河口のバリックパパンまで流していく。そこから太くていい丸太は日本へ合板用の材料として輸出する、残りは現地の合板工場で加工する。伐採あとは放置してあるところもあれば、ユーカリなどの早生樹を植林して、下刈りが行われているところもある。熱帯直下の山で働くのはとても過酷なので、夜明けと同時に働きだして、昼前には家に帰って食事して昼寝をする。あとは夜まで自由時間である。ここで働く労働者はすべてが若者で、ジャカルタからの移民であり、妻帯していることが条件である。住宅の家賃は3年間はタダで、それ以上働けば住宅は無償譲渡される。訪問した労働者の家には、まだ子供のいない若い夫婦が住んでいた。ジャカルタに住んでいたが、家族が多くて生活が苦しいので移住を決めたという。

そこは企業が作った村で、労働者用の住宅が100戸ほどあり、学校・教会や看護婦のいる診療所、それに食料を売る店もある。大勢子供たちがいて、私たちのような日本人は初めてなので、珍しそうに寄ってくる。顔に白いお化粧をしている子供もいるが、虫よけの塗り薬である。

私たちが泊まった宿舎の隣の建物には会社のスタッフが7~8名駐在していた。現地の労働者とは違って、エリート社員として単身赴任していて、1か月に一度ジャカルタの家

いかだ流し（ボルネオ島）

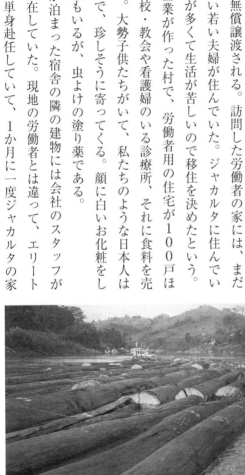

族のもとに帰るという。私たちが乗ってきた飛行機で往復するのだ。家族持ちの労働者は家族ごと移住するのが原則で、そうでないスタッフは時々家族に会いに帰るのである。

　泊まっていた宿舎には専属のコックがいて、毎日いろいろなおいしい食事を作ってくれ、ランチボックスまで用意してくれた。

　この辺りは赤道直下でとても暑い。毎日36度を超え、湿気がすごくて部屋はカビのにおいがする。初めて迎えた朝、何やら雨音がするのでカーテンを開けたがいい天気のようである。あとで聞いてみたら、あまりにも空気中湿度が高いので、気温の下がる夜明け方になると空気

森林労働者（ボルネオ島）

中の水分が飽和状態になって、樹木の葉っぱに結露し、それが下に落ちてきて雨音になるのだという。下着を洗濯して屋根付きベランダに干しておいても2日しないと乾かないのも、高い湿度のためである。京都の夏も湿度が高くて蒸し暑いが、赤道直下は桁が違う。
　帰路は、飛行機が帰省者で満員なので、川を下る船を用意してもらった。同じ川を流れる

いかだを追い越しながら熱帯雨林の風景を6～7時間楽しんだ。途中お昼になったので、コックが作ってくれた弁当を食べようと思ったら、大きなアリが何十匹と入っており、弁当は諦めた。30分ほど下ると、集落があって、川のほとりに、いかだの上に売店のような建物が建っていた。お菓子、飲み物、簡単なお土産を売っていて、それにレストラン、ガソリンスタンドまであった。いわば川のドライブインである。

これ幸いと、ここで食事をすることにした。私たちの滞在中は、生ものと生水は一切口にしなかったので、おなかを壊すこともなく過ごせた。ここでも熱が十分に入っていると思われるナシゴレンのようなものを注文して食べた。ところが、3時間ほどたったあたりから、何やらお腹がおかしくなってきた。船を降りて空港に着くころには全員が異常を訴えた。

みんなで原因追及を行い、誰かがこう言った。「そういえば、あそこのドライブインの30mほど上流には、いかだで作った洗濯場があって女性が一生懸命洗濯をしていたし、その片隅にトイレみたいなのがあって子供が用を足していた。そしてあのドライブインの裏手では、川の水で食器を洗っていた」なんと、天然の水洗トイレの少し下流で食器を洗っていたのである。原因はそれだ、今まであれほど注意に注意を重ねてきたのに水の泡だ。

その上に、帰国後もマラリアの薬は数日飲み続けねばならなかった。マラリア汚染地帯に行くのは並大抵ではなかった。

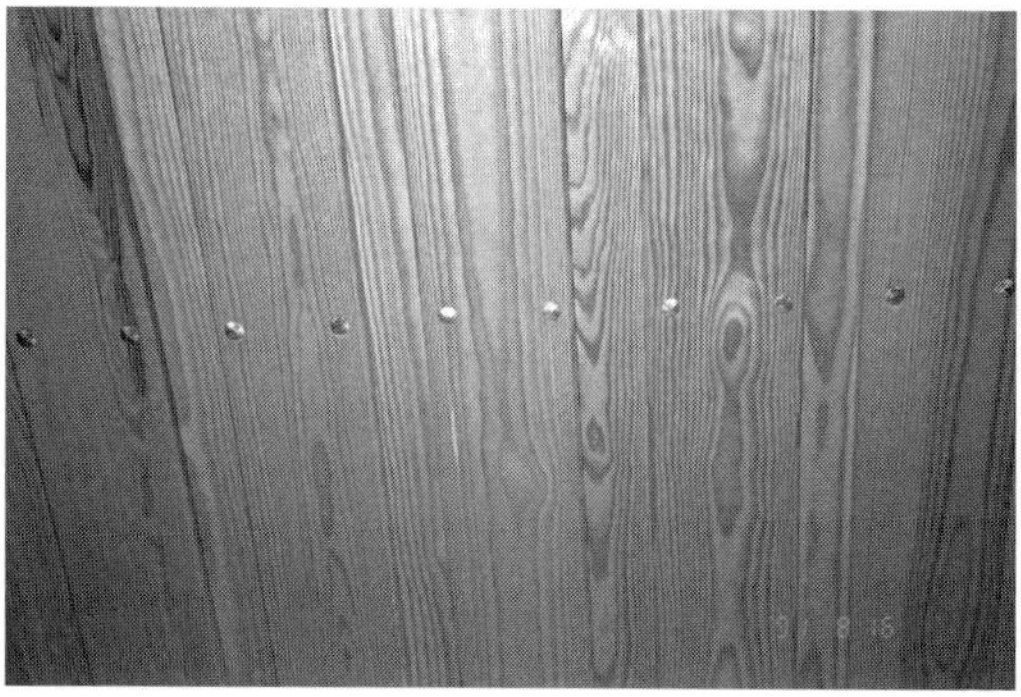

節のないフィンランド産木材（フィンランド住宅の天井）

第七節　まとめ　外国林業の強さと林業経営の採算

先日、京都のホームセンターの木材コーナーに行ってみて、国産材と外材とを比べてみた。タルキとか間柱などの同じ製材品で比べようとしたが、同じ商品がなかったので、たまたま並んでいた「すのこ」で比べてみることにした。同じ形・同じ大きさで、一方は国産材のヒノキ、もう一方はヨーロッパアカマツで作られていた。値段は全く同じで１４８０円であった。材質を比べるために節の数を数えてみたところ、ヨーロッパアカマツが14個に対して、ヒノキの方はその３倍以上あった。ヨーロッパアカマツの方が節が少なくて美しいにもかかわらず、国産材と同じ値段なのである。つまり、外材は価格設定から見てとてもリーズナブルな商品である。そうなると、日本の消費者は、どちらかというと外材の方を選ぶであろう。

ではこのような木材を生産する外国の林業経営は、採算が成り立っているのであろうか。

そこで、海外林業の収支を計算すると、国によって立木の価額や森づくり費用は多少異なるけれど、オーストリアの例でみると次の表―５のようになる。ここでは、平成30年版の森林・

林業白書と私が見聞きした数字とを組み合わせて示している。

1haの森林から出てくる丸太の量は300㎥あり、立木の価格が1㎥あたり8千円であるとすると、これで、立木の販売価額が240万円である。それに対して、雇用労働を用いた森づくり費用は天然下種更新の場合、オーストリアでは30万円なので、差し引き210万円となる（オーストリアでは、植林よりも天然下種更新が中心である。天然下種更新だと植林はしなくてもよいが、多少下刈りのようなことが必要で、そのために30万円程度かかる。一方、植林をすると、費用は2倍程度となる）。すると収支が黒字どころか、伐採樹齢が90年とすると、90年間の投資利回りがおよそ2・3%になって投資の対象になり、林業経営も十分に成り立つのである。なお、ニュージーランドやアメリカ南部の30年ぐらいの短伐期林業だと、投資利回りが4～5%にもなるので、林業経営はかなり有利な産業となり、林業投資を行うファンド会社があって、一般市民から投資を募っているほどである。

●表―5　オーストリアにおける林業収支（1haあたり）

収支項目	金額（万円）
立木販売価額（収入）	240 （300㎥×8000円）
森づくり費用（支出）	30
差引き純収入	210

＊平成30年版森林・林業白書および筆者の情報収集と経験に基づいて作成

ここで、オーストリアと日本の林業収支について国際比較して

●表―6　オーストリアと日本の林業収支の現状比較（1haあたり・万円）

収支項目	オーストリア	日本（補助金なし）	日本（補助金あり）
立木販売価額（収入）	240	90	90
森づくり費用（支出）	30	280	70
差引き純収入（万円）	210	-190	20

＊平成30年版森林・林業白書および筆者の情報収集と経験に基づいて作成

みよう。先の表―1と表―5とをまとめて表―6として示している。

両国の立木販売価額の差は150万円になるが、そのほとんどが、地形条件の違いによる。地形条件の違いが、伐出にかかる費用の差となり、ひいては立木価額の差となってあらわれているのである。一方、森づくり費用の差は250万円にもなり、それは気候条件と地形条件に基づくが、この大きな差は、日本林業にとっては伐出コストの差以上に大きな課題として立ちはだかっている。

このように、両国の自然条件の違いが林業収支の差となって表れるのである。それはとりもなおさず、林業があるがままの自然の中で行われる特殊な産業だからである。

山岳国と思われるオーストリアとの比較でさえ、このような林業経営収支の差があるので、ましてや、北欧や北米といった平地ないしは丘陵地での林業経営と比べると、さらに伐出コストと森づくり費用が下がるので、その差は一層大きくなろう。

以上第三章を通じて、次の事実が明らかになる。

日本に輸入される木材は、世界の林業国で生産された木材の中から選別された、いい材質のものである。生産コストは日本よりもはるかに低くて、林業経営の採算は十分にとれている。つまり、輸入材は低コストで生産された、品質の高い商品である。

一方国産材は、戦後の拡大造林によって植林されたスギやヒノキで、枝打ちはあまりされておらず、節が多くてしかも大きい。従って材質としては決して良くはなく、厳選された輸入材に比べて劣っている。だから、価格的に輸入材に頭を押さえられる。そのうえ、日本の温暖多雨で急傾斜地の条件下では、森づくりや伐出のコストが高くなる。つまり高コストで低品質の商品なのだ。これでは、低コストで高品質の輸入材には太刀打ちできない。(なお、これまでは製材加工・木材乾燥コストや輸送コストについては述べてこなかった。製材加工コスト・木材乾燥コストについては、規模の経済や電気・重油価格の低さによって輸入材の方が低いし、輸送コストについてもアメリカ↓東京と九州↓東京の運賃がほぼ同じである。要するに、輸入材は輸送コストだけが国産材と同じで、その他のすべてのコストが低いのである。)

そして、経営の視点から日本の林業経営を見てみると、コストが高い一方で、国産材は輸入材の価格に頭を押さえられていて、林業経営としては到底採算は採れない。たとえコストを下げるための可能な限りの努力をしても、採算をとることは難しい。従って、日本林業は自由貿易の世界で競争に打ち勝つことはできないので、後述するように、ニッチの分野で生きていくしか方法はないであろう。

第四章　日本の森林・林業政策について

第一節　政策の目指すところ

ここでは少し視点を変えて、森林や林業の管理にかかわる、日本の森林・林業政策についてフォローし、その上で、林野庁は日本の林業をどのようにとらえて発展させようとしてきたのかについてみていこう。

従来の日本の林業政策は、森づくりに対するサポートに重点をおいてきたが、2000年を境にして大きく変化した。端的に言えば、国産材を原材料とする木材加工部門を拡充する一方で、伐出のコスト削減を図って、森林から大量の間伐材を供給する体制を構築して木材の自給率を上げることであった。

2004年には、「新流通・加工システム事業」で、合板メーカーや集成材メーカーの設備拡充に補助金を出して、間伐材を大量に加工する体制づくりを目指した。（合板とはベニヤ板のことで、集成材とは、比較的薄い木材を接着剤で張り合わせて厚い木材にしたもの。）それまでは民間企業に対して、国の補助金が出ることはなかったが、設備投資の三分の一から二分の一の補助金が出るようになった。

従来、日本の合板メーカーは、インドネシアやマレーシアからのラワン丸太やシベリア産の丸太を原料にして、合板を生産加工していた。しかし、ラワン丸太の輸出規制によって輸入量が減少したことや、加工技術の改良によって間伐材のような細い丸太からでも加工が可能となり、次第に国産のスギ丸太の使用が増えてきた。

さらに、2006年には、「新生産システム事業」によって、従来日本には存在しなかった、近代的大型製材工場を作り、建築用材の大量生産を目指した。丸太の年間消費量が数万㎥から10万㎥を超える規模の工場で、主に間伐材を加工する。間伐材の中にはいろいろな等級のものが含まれているが、これら製材工場では、A材といわれる一等材の丸太を原材料とし、先ほどの合板や集成材工場は、B材といわれる二等材を使用する。

丸太消費量が10万㎥の規模は、アメリカやカナダの製材工場の生産規模にはまだほど遠いが、海外の製材工場に伍していくための重要な一歩であった。とりわけ、九州や東北地方にこうした大型工場が誕生した。

一方、2000年代に入ると、二酸化炭素問題と関連して、木質バイオマス利用が盛んになる。そのバイオマス発電に対する補助金制度の支えによって、その設備が増加し、そこで使われる木質バイオマスの生産も大きく伸びた。木質バイオマスはパルプ用のチップよりもさらに低質で、樹木の先端でも切れ端でもよい。木材の等級としては、チップはC材とすると、バイオ発電用はD材である。

これで森から出てくる木材、つまりA材、B材、C材、D材のすべての等級の木材がくまなく消費されることになる。こうして、木材を消費する川下の体制は整った。

しかし、こうした分野で使用される木材は、絶えず一定量が必要になる。だから、それぞれの工場が必要とする木材を大量にかつ安定的に供給する体制が必要である。従来とは異なった、川の流域を超えた木材の広範な集荷体制が形成され、大規模な木材業者や合併してできた大型の森林組合がそれを支えた。

それに対して、森林からの木材供給はどのように行われたのであろうか。

まずは、間伐推進政策に伴って本格的なコスト削減が始まった。補助金によって林道や作業道を拡充し、そこにまた補助金を付けて大型機械を投入する。大型機械は作業能力が高いので、1日当たりの間伐材の生産量は上昇する。

さらに間伐の伐採作業も補助金によって支えられ、森から間伐材が出てくるようになった。ただし、間伐材は細くて曲がりも多いことから、材質としては良いとは言えない。

こうして、日本のスギの生産量は、2003年から急激に増加し始め、2003年に

700万㎥であったのが、2007年には900万㎥近くになった。この間、スギの丸太価格はほぼ横ばいであったが、立地の良い森の間伐が進んだ。間伐された森林は順調に成長して、それだけ二酸化炭素の吸収量が増えて、地球温暖化防止に貢献する。一時は20%を下回っていた木材自給率も2016年には30数%にまで上昇した。

国産材は輸入材に価格を抑えられ、低位安定状態にあるので、下流の木材産業は丸太を安定価格で調達できて、経営も安定する。

林野当局はこうした循環ができて、川下から川上まで発展することを成長産業と言っている。しかし川上に視点を移してみると、間伐材の収入はほとんどなく、林業経営としては決して楽にはならない。これからも今までと同じような低い木材価格で安定的に供給する役割を負わされ、苦しみ続けるのである。間伐材生産だけでは、木材を消費加工する産業は繁栄するが、森を育てる林業は衰退していく。これではまさしく、川下栄えて川上滅ぶである。

このような体制は今後も維持できるのであろうか。現在は、里山地域の間伐材によって維持されているが、森林が奥地化すると、伐出コストは上昇してくる。また、間伐が一通り終わって、皆伐が一般的になると、伐採跡地に再造林は行えるのだろうか。木材の生産性を上げるべく、林道の拡充と大型機械の導入は今後も進められるだろうが、それによって、ますます土砂の流出が促進されて、河川の氾濫を招くのではないだろうか。それでは森林荒廃の問題が一層クローズアップされるだけではないだろうか。

第二節　森林の維持と林業経営

では他方、国は今後の森林の維持と林業経営について、どのように考えているのであろうか。まず、森林を、次のように三つのタイプに分けている。

第一は、森林所有者が「採算が採れると判断して、従来通り経営を続けていこう」とする森林。

第二は、森林所有者が経営管理を放棄したものの、市町村当局が「経営の採算は採れる」と判断した森林。

第三は、どのように考えても、林業経営がまったく成り立たず、森林所有者が経営も管理もできない森林の三つである。

第一のタイプについては、森林所有者が採算が採れると考えて経営していくのであり、森づくりの補助金も従来通りであるから、さほど問題はないであろう。何故なら、日本の森林でも、各種条件や所有森林の内容によっては、経営の成り立つ森林もあり得るだろうからである。例えば、次の第五章で取り上げるような経営である。ただし、森林を所有しているだけで、健全な手入れや管理が行われない場合は行政によってチェックされるのは当然である。

次に、第二のタイプでは、森林所有者が経営管理を放棄した森林を、都道府県が認定した「林業者」に、その経営を委ねることになる。委ねた後の森林の管理責任は市町村にある。ここで言う「林業者」とは林業経営に意欲と能力があると思われる、森林所有者、木材業者、森林組合などをさす。

しかし、「林業経営の採算は採れる」と市町村がどのようにして判断するのであろうか。森林所有者が経営を放棄した最大の理由は、経営の採算が採れないことである。従来から、林業経営の採算の難しさは繰り返し言われてきたし、私も本書でその根拠を数字で示してきた。もちろんこの場合も森づくりの補助金は出るが、それでも各種のコストの削減は必須であり、削減は具体的にいつになったら実現するのか全く見通しは立っていない。もし、予定とは違って、林業経営の採算が採れない場合、経営を委託された「林業者」は、悪く考えれば、森づくりの手抜きをしなければ自らの経営が危なくなる。手抜きをすれば森林は荒廃していくが、市町村は、そのような手抜きをチェックできるだけの知識と経験を持っているのであろうか。私が心配するのは次のようなことがあったからである。

私の住んでいる京都市には林業の担当部署があり、森林や林業についてすべて担当している。もちろん個人有林の森林経営計画業務（山林所有者が、適切な森づくりをしていく計画で、森林の持つ多様な機能を十分に発揮させることを目的としている。これを行うと森づくり補助金の対象となるし、山林所得税や相続税の優遇措置の対象となる）も担当している。私も自分の持ち山については森林経営計画を立てて、それに従って森の手入れや間伐・皆伐も行っている。以前はこの計画の担当は京都府であり、担当者が地域ごとに分担していたが、何年か前から、京都市が担当することになった。

以前、京都府が担当していた時は、担当者が私の家を訪ねてきて、林業政策の情報を持って来てくれたり、経営の悩みを聞いて指導もしてくれた。だから、森林所有者と府はとても密接な関係にあり、担当者も森林内容についてかなり把握していた。いわばドイツの森林官に近い存在であった。森林官とは、林業や森林の高度な知識を持って、地域のすべての森林管理に責任を持っている公務員である。一地域での在任期間が長いので、それだけ地域の森林の状況を熟知している。しかし、京都市が担当するようになって以降は、一度だって担当者が来てくれたことはない。

先日、京都市の担当部署から、林業経営に関するアンケートを送ってきた。回答をしようと思って、質問項目を読んでいると、「森林を所有しているのは主に木材業者である」との、誤った前提の下で質問項目が作られていたので不思議に思った。何故なら、現実には、森林を所有している者で木材業者を兼ねている者は確かに存在するが、木材業を兼ねていない者の方が何百倍何千倍も多いからである。そこでアンケートの作成責任者に電話で確かめてみると、やはり誤った認識に基づいていたようで、しかも驚いたことには、内容については、部署内で検討済みだという。私はもう、開いた口がふさがらず、アンケートに回答を書く気力もうせてしまった。その後、アンケートの修正は行われなかった。

この事があってから、市町村に第二タイプの森林管理ができるのかと、とても不安になる。最後に第三のタイプについてであるが、これについては、次の第三節で述べる。

第三節　森林環境税の役割

読者の皆さんは、森林環境税についてご存じだろうか。森林環境税は、令和6年から国が個々人の住民税に上乗せして1人当たり千円を徴収する。その主たる用途は、先の第三のタイプの森林、つまり採算が全く採れず、森林所有者が経営も管理もせずに放置している森の整備費用に充てることにある。森林の国土保全・水源涵養・二酸化炭素吸収などの機能が発揮できるように、とりわけ間伐を中心にした整備になるだろうが、その整備については、全面的に市町村に委ねるというのが国の考え方である。確かに、市町村は地元の森林と物理的距離が近いがゆえに、森林に関する情報が得やすく、管理にあたっての地の利がある事から、整備管理担当者として白羽の矢が立ったのであろう。

いうまでもなく、市町村の担当者が直接整備作業をするわけではなく、森林組合や専門の業者に作業委託するのであるが、担当者は、森林所有者が経営を放棄した森林内容をどのように把握して、整備の指示と監督をするのであろうか。先にも述べたように、そもそもそんな能力があるのだろうか。先の第二タイプの森林に加えて第三タイプの森林管理もしなければならないのでは、とてもじゃないが荷が重すぎる。京都市はまだ林業の専門部署があるとはいえ、他の市町村は林業の担当部署もないところが多いのである。

では、国は、こうした市町村の現状を、どこまで把握しているのだろうか。確かに市町村の過重な仕事量に対して、都道府県にサポートをするように手立てをしているようであるが、あくまでサポートであり、スタッフ数もごく限られるので、所詮、焼け石に水であろう。

毎年約６００億円の森林環境税がこうした森林の整備に使われる予定だが、今のところ、反対意見も少なく、国民には好意的に受け止められているようである。しかし、こうした第三タイプの森林は、恐らく広大な面積になると思われ、森林環境税がそのような広大な森林の整備に適正に使われているかどうかのチェックは、気が遠くなるほどむつかしい。

それには、後の第六章でも触れるように、ドイツに見られるような、市民によるチェック機能があればいいのだが、今の日本ではそのような事はとても望めない…。

第五章　これからの日本林業の可能性

これまで、いろいろと日本林業の負の側面について述べてきた。そんな状況の中で、日本林業に可能性は見いだせるのであろうか。私が今まで大学で行ってきた調査や研究、海外で見てきた森づくり、それに私自身が行っている林業経営の現状を踏まえて、今後の可能性について検討してみたいと思う。

今後の日本林業の在り方の一つとして私は、過激な考え方ではあるが、ごく一部を除いた大部分の森林に対して、林業放棄論があってもいいと思っている。

繰り返し述べてきたように、日本は世界的に見ても効率的な林業経営には適していない国である。そして他方で世界には、林業にとても適した国もある。国際的な分業論から見れば、なにも林業の採算が採れないようなところで、あえて林業をする必要はない。林業は諦めるけれども、間伐等は行って、国土保全や緑のダム機能、二酸化炭素の吸収、景観保全などのための健全な管理だけはきちんと行う。国内で必要な木材は、林業生産に適した国や地域から輸入する。世界的に森林資源が枯渇しつつあるという意見もあるが、熱帯林を除くと、私は必ずしもそうは思わない。むしろ短伐期林業の形で、従来よりも木材生産量を増やせる余地のある国や地域も少なくない。日本はそのような国や地域から輸入するか、海外で森づくりに資本投下をして、その生産物である木材を輸入すれば、さほど問題ないであろう。食料安保のように輸入が止まった時のことを心配することもない、何故なら日本には森が沢山あるのだから、いざとなればある程度の自給は十分可能だからである。

しかし、林業をやめるとなれば、その影響は多方面に及びかつ大きい。現在林業に従事している人たちは仕事を失うことになるし、森林所有者は林業収入がなくなってしまう。林業がなくなれば農山村の過疎がますます進むであろう。そのようなマイナスはどう考えるのか。その代わり、森づくりや林業生産のために費してきた膨大な国や地方自治体の予算がそれだけ少なくて済むだろうが、ことはさほど単純ではない。

林業放棄論は、重大な問題を内包しているがゆえに時間をかけての慎重な検討が必要であり、安易な考え方は許されない。したがって、ここではこれ以上触れないこととする。

第一節　私の林業経営の考え方

前にも述べたように、私は大学に進学して、農学部の林学科で勉強した。大学には、付属の演習林があり、そこではいろいろな実習が行われた。最も印象に残っているのは、樹木の名前を覚える泊りがけの実習であった。日本は温暖多雨のこともあって、植物の種類、ひいては樹木の種類が多い。1日がかりでいろいろな樹木の枝を採集してその場で名前を教えてもらう。夜に1人ずつ面接に呼ばれて、そこで樹木の名前の口頭テストが行われ、それが3日間続く。覚えのいい学生は、示された樹木のうちほぼ100％答えられるが、私は何とか60％答えられて、やっとパスした部類である。恥ずかしながら、山村で育ち、家が林業をしていて、小さいころから父に山に連れてもらっていたにもかかわらず、この有様である。その理由をあえて言うならば、日本の森林所有者や林業経営者は、お金になる木の名前はよく知っているが、そうでない木の名前はよく知らない人が多い。私の父もそうであったし、近所の人達もそうであった。

大学院に進学すると、所属する研究室の先生方にはよく林業の現場にも連れて行ってもらった。そしてたびたびおこなわれる研究室のゼミでは、いろいろな考え方について学ぶことができた。その中で私がとりわけ影響を受けたのは、「多様性」という考え方であった。日本各地の林業の歴史を見ると、林業経営が安定的に発展してきた地域は、林業だけに専業化したところでなく、森林もあり農業もあって、生計を立てるための複数の手段があった地域であるという。いわば一つの業に集中するのではなく、兼業や副業による多くの収入源のある方が安定的に発展するという考えであった。

ある時、研究室の教授が、「助手になる気はないか」と声をかけてくださった。当時、研究とは面白いものだと思い始めていて、一生の職業にするのもいいかもしれないと考えていた。我が家の森づくりは、地元の労働者に依存しているので、私が経営者としての役割を果たせば、研究者との二足のわらじも不可能ではない。そのように考えて有難くお受けすることとした。それは結果として複数の収入源を持つことになった。

それに研究室のゼミにヒントを得て、同時に森づくりにおいても多様化を目指した。ただ、全く新規にモノづくりをするわけではなくて、すでに所有している森林資源を有効に利用しての多様化である。

昭和30年代までの我が家の所有森林は、北山杉の林、タルキ用台スギ林、アカマツ林、薪炭林、杉ヒノキの用材林と多くの種類で構成されていた。

タルキとは、本来は、屋根の庇を下から支える、6㎝×6㎝の四角い材であるが、茶室や高級料亭などでは丸いタルキを用いて和風の雰囲気を醸し出す。その丸いタルキを特殊な方法で作っているのが、台スギである。ご覧になった人もあると思うが、地上60㎝ほどの台木の上に数本から十数本の細い立木が立っている奇妙な形をしたのが台スギで、天然萌芽更新を利用した独特の方式で、日本はもちろん、世界的にも北山地方だけに見られる珍しい木材生産の方法である。また用材とは、柱や板などの建築材をとるための太い立木をさす。

北山杉の林

しかし、松くい虫によってアカマツ林は枯死し、燃料革命によって薪炭林は無価値化し、さらに丸タルキの需要も減少した。(丸タルキは建築基準法によって使用箇所が制限された)

一方では、北山杉ブームによって北山杉の森づくりが拡大した。地域全体として、アカマツ林、薪炭林、それにタルキ用台スギ林の多くが北山杉林に転換された。さらに多くの山林所有者が、村外に薪炭林を土地ごと買って、そこで北山杉を作った。

ただ私は、経営的には北山杉への画一化は危険で、長期的にはむしろ多様化が必要だと考えていたので、あえて北山杉の林は増やさなかった。すると、私が危惧していたように、平成に入ると間もなく北山杉の需要は減少し始め、価格も暴落したのである。

ところで、私の考えた多様化の方向は次のように、三つあった。

第一は、40年前から、アカマツ林や薪炭林を積極的にヒノキ林に転換した。ヒノキは日本人の好む樹種であり、建築の構造材として、また内装材としての需要は今後も持続すると考えたのである。ただ、従来から所有していたヒノキ林は、すでに１５０年生になっていたので、それはさらに２００年生の高齢林を目指す。多くは林道に面しているので、特殊材の注文生産に適していると考えた。

　第二は、30年ほど前から始めたのだが、北山杉の林を、高品質の大径材林に転換することである。一般の林業では、１ha当たりの植栽本数は約３千本であるが、北山杉の場合はその2倍と密なので、自ずと年輪幅が小さくなる。その上ていねいに枝打ちをしてきたので、節のない木材が採れる。従って、このような林を徐々に間伐することで、高品質の大径材生産を目指すのである。

　第三の方向は、10年前より始めた、タルキ用台スギを庭園樹として販売することであった。台スギの姿・形が面白いので、従来からも庭園樹として利用されてきた。例えば、国会議事堂の前庭や京都国際会館の玄関前にも植栽されている。しかし当地域での一般的な販売方法は、ほ

台スギタルキの使用例（福島県東山温泉「向滝」）

とんどが庭園資材業者への卸販売であったので、私は、卸売りよりも、造園業者や施主に直接販売する小売りをめざした。というのは、一般の庭園樹とは違って、台スギは特殊な手入れが必要であり、手入れを誤ると美しい姿・形が崩れてしまうので、買い手にその事を十分に理解してもらいたいと思ったからである。従って、販売時に手入れ方法を説明し、頼まれれば、現地に行って手入れ方法を懇切丁寧に教えることもある。

そのために、山にある台スギ1万株の中から、樹齢250年生以上の選りすぐりの400株を選抜して、一株ずつ人力で根回しして掘り起こし、ヘリコプターで搬出して、道路端に新しく造成した土地に移植した。こうすることで小売が可能となり、現在では採算は十分に採れていて、林業経営の多様化に寄与している。

こうした多様化には、当然のことながら投資が必要だが、その投資も、たとえ失敗しても経営には支障は来たさない範囲で行ってきた。

庭園用台スギ

その後、現在に至っても、私は絶えず多様化について考えて、新しい収入源を模索しているが、それはさらに新しいアイディアにもつながってくる。後の第三節で述べる、村おこし事業の卓上用の杉玉・クリスマスツリーの販売や朝鮮ニンジンの栽培などもその一つの試みであり、地域の新しい収入源になるとともに、私の林業経営にも多様化をもたらすことを期待している。

ただ、我が林業経営にとっても、後継者の問題は大きい。4人いる娘たちはすべて結婚して山には関心がないようなので、林業を継ぐことはないであろうし、またそれぞれの連れ合いは、都市部に住むサラリーマンなので林業にかかわることはできない。ただ、山好きの孫がいて、小学生の時から機会があれば、山に連れて行っており、一代とばしの後継者になってくれるのを期待している。

第二節　木材生産を目的にする林業

それでは次に、私が考える「可能性のある林業」について述べてみたい。

①家族林業

ここでいう家族林業は、家族労働力だけで林業経営を行う場合を指す。例えば、父子2人で、森づくりと伐出、それに丸太の販売に至るまですべての生産流通過程を担当するケースを考えてみよう。

日本では、林業だけではなかなか生活できないが、農業をはじめ、ほかの仕事との兼業の形で林業を行い、立派な森づくりをしている人たちは少なからずいる。兼業の種類や形も様々であり、また森林の所有面積も様々である。

例えば、森林の所有面積が1haで、この森を皆伐して再び植林するとする。丸太販売収入は、300㎥×一万3千円＝390万円である。家族労働力だけだと森づくり費用や伐出費用のうち外部に出て行く人件費はゼロであるが、使用する機械費用などが80万円必要だとすると、差し引き310万円が純収入となり、林業経営としては補助金なしでも成り立つ。また場合によっては、森づくりのみを家族労働力だけで行っても成り立つ。

ドイツやオーストリアでは、民宿経営とともに林業経営も行って、立派な森づくりがなされているのは、第六章でも見るとおりである。そして、家族労働や自給の比重が大きいことに注目すべきである。

さらに言うと、家族林業では、所有している森林の内容（樹種や樹齢）や森林の地形や立地によってさまざまな工夫や試みが容易である。小規模であるだけに小回りがきいて、森林全体に管理の目が届きやすい。したがって、ち密な森づくりに適している。

例えば、後にも見るように、岐阜県の今須地域の林業のように、スギとヒノキを混植して行う「特殊材注文生産林業」は家族林業に適している。

また、ケヤキは建築材や家具材として優れた木材であるが、特に節のない真っすぐな材は高価である。その生産を目的として、スギとケヤキとを混植して、徐々にスギを間伐して、最終的にケヤキだけの純林に導くことができれば、立派なケヤキ林となるであろう。このようなち密な森づくりにも家族林業が適していると思われる。

スギやヒノキ林の中に藤が生えてくると、ツルが立木に巻き付いてやがて立木は枯れてしまう。しかし、うまくコントロールしてやれば、ツルが巻き付いた立木にらせん状のへこみが出来て、皮をむいてやるといかにも自然のワイルドさを備えた丸太ができる。いわばはじめで述べた「銘木」の類であるが、現代的な建築の内装材に適している。そのようなニッチの木材を作る楽しみは、家族林業ならではである。

では、次に家族労働でかつ林業だけで、つまり林業専業で自立が可能かどうかを検討してみよう。

モデルとしてわかりやすいのは、合計で60haの森林を持ち、樹齢としては、1年生から60年生のスギの森がそれぞれ1haずつ存在する場合である。このような森林構成になっているのを、専門用語では「法正林」というが、この形を維持し、伐採と再植林を永続的に繰り返していくのである。60haの大きさだと、家族労働力だけで何とかこの森の手入れと伐採を行いうる。そして毎年1haずつ伐採すると390万円の収入が得られる。ただし、木材流通費用と伐出のための林業機械費として120万円程度必要だとすると、差し引き純収入は270万円で、さらに森づくり補助金210万円を受け取れば、収入合計が480万円となって、経営は永続するし生計も成り立つ。ただ、森づくりだけを家族労働で行い、立木販売すると厳しくなる。

しかし、これには高いハードルがある。このような法正林をすでに所有していて、そこからスタートするなら何ら問題はない。しかし一般的に、所有している森林が法正林になっている例は極めて少ない。法正林に移行させるには、長い時間と資本投下が必要となるが、次のような身近な参考事例もある。

私の友人が、ゼロから何ヶ所かの森林を買い集めて合計100haの森林面積となった。うち60haほどがスギ林で、1年生から70年生くらいまでかなりまんべんなく存在しており、あとは価値の低い雑木林であるという。取得価額が総額3千万円であった。すると1ha当たりの単価は30万円となる。ここで話を単純化するために、スギ林については、1年生から60年生まで、ほぼ法正林になっていると仮定すると、先の例と同じく、家族労働による経営も生計も成り立つ。しかし、森林の取得費3千万円を先に投下しているので、この分をどのように考えるかである。3千万円の投資と考えて、先のように、毎年270万円の収入が得られるとすると9%の利回りとなり、さらに補助金を加えると480万円の収入がえられ、16%の利回りとなって、有利な投資になる。

1haのスギ林の取得価格が30万円という、森づくりの原価を大きく下回る水準であれば、それを買い入れて家族労働による林業経営が十分に可能なことを示している。ただ、現実には、3千万円の資金を用意し、森林を買い集めて法正林の形にするのは並大抵ではない。

ここで少し横道にそれるが、数年前にアメリカの林業雑誌で次のような記事を見た。「アメリカの大手林産会社が林業経営のために、樹齢や樹種が混在した森林を土地ごと1万ha買い入れたが、平均すると1ha当たりの価格が30万円であった。」それは、企業が林業経営を行うための森林価格であるが、第三章で見たように、先進国の森づくり費用が1ha当たり約30万円であることと無関係ではない。おそらく、これが雇用労働による林業投資の国際的な基準なのであろう。

それが我が国では、家族労働による経営でしか成り立たないのである。

②天然更新林業

天然更新林業というのは、植林をすることなく、ほとんどを自然の力に依存して森を作ることである。

その方法には二つある。

一つは天然下種更新で、伐採した後に他の森から飛んできた種が芽生えてくるのを利用して、森を育てることである。現在でも北欧をはじめヨーロッパやロシア、それに北米では広く行われている方法であり、日本でもかつてはアカマツ林に関して広く行われていたが、松くい虫による枯死で決定的なダメージを受けた。

二つは、天然萌芽更新といい、伐採後、切り株から出てくる新しい芽を育てて森を作る方法である。最近では、ニュージーランドや熱帯において10年以内で伐採するユーカリなどの森づくりに用いられている。日本では、かつては薪炭をとるためのナラやクヌギの林で広く行われていた。京都北山の台スギでもこの方法が行われているが、ただ、針葉樹で一般化するのは難しい。

このように、いずれにしても天然更新林業は、植林が不要で、地拵えや下刈りの費用が大きく削減できるので、林業経営としては、魅力的な方法であり、世界の林業では拡大している。中
そのような中で、逆に日本では、この方法は縮小どころか、まさに消えようとしている。中国原産の馬尾松《ばびしょう》と日本のアカマツとを交配して、松くい虫に強い品種を開発して天然下種更新林業も目指されたが、それが実現したとは聞いたことがない。

日本の大学や公的な研究所においては、かつては天然更新林業について研究されたが、最近ではそのような試みはほとんどなされていないようである。

日本林業の新しい活路を求めて、そのような研究も必要だと思う。

例えば、天然下種更新ないしは萌芽更新方法で、広葉樹を100年以上育て、クオリティーの高い建築材や角材を生産する林業が実現できれば、日本林業に新たな展望が開けてくるに違いない。

③高齢木林業

先ほど、家族林業のところで、法正林について述べたが、それ以上に立派な森林を持って経営している人もいる。例えば、吉野林業を営む森林所有者で、500haの森林を持っていて、そのうち250年生以上の大径木の林が50haあるとする。250年生以上の吉野杉となると、いくら立木価格が下がったとはいえ、1haの立木販売価額は2千万円を下らないだろう。すると、この経営者が毎年この森を伐採し続けると、毎年の収入は2千万円で、その跡地の森づくり費用がたとえ700万円かかるにしても、純収入が1300万円あるので雇用労働力に依存しても十分に経営は成り立つ。いつまで継続できるかは、所有している森林の内容次第であるが、最悪の場合を考えても、少なくとも50年間は十分に経営は持続可能である。

ここでとり上げたのは一例であるが、高齢の森を所有している場合は、ある程度の経営は成り立つという事である。

④特殊材注文生産林業

海外の林業では生産しえない特殊な木材を供給する林業が実現すれば、独占的な価格によって、林業が成り立つであろう。

例えば、樹齢４００年の大径木などは、今や世界にもわずかしか存在せず、存在しても国立公園であるとか、社寺の境内林だったりして、伐採できないことが多い。

我が国には多くの社寺があり、その建築には昔から大径材が使われてきた。京都にも多くの社寺があり、修復材として大径木が必要になるが、おいそれとは見つからない。法隆寺の修復には、国内で大径のヒノキ材を調達するのが困難なため、台湾の原生林のヒノキが使われたことは周知の事実である。

吉野スギの伐採

京都の清水寺は、将来の修理用材の確保のために、寺有林の経営に乗り出しているほどである。こうしたいわば特殊材を所有している場合は林業経営も可能となるだろうが、一般的にはあまり現実味はない。

ところで、今須林業と言うのをご存じだろうか。

京都から上り新幹線で、米原駅を過ぎてまもなく小高いなだらかな丘と水田が混在したところに差し掛かる。ここ関ヶ原町今須地区の丘には、スギやヒノキが混在して植林されていて、しかも樹高が一定でなくてまちまちである。古くから、択伐林業として有名で、地元製材所の注文に応じて、原則として、大きい木から順番に1本単位で伐採する。伐採して運び出すのは買い手の地元の製材所である。製材所は、近隣の大工や工務店からの注文に応じて、この森から注文に適合した立木を選んで森林所有者と交渉して立木を買い、受注した製材品を作る。森の中には、1年生から100年生という如く、小さい木から大きい木までバラバラに存在している。しかし、製材所は地域全体の森林に精通していて、どの森にどんな木が生えているかを熟知している。

大きな木を伐採すると、森の中に空間ができるので、森林所有者はそこに10数本の苗木を植林する。しかし、周りは大きい木ばかりで、そのままだと陽光が入らず、しばらくすると枯れてしまう。それを防ぐために周りの木の枝打ちをして、適当に陽光を入れて苗木の生長を促してやる。そうすることで、周りの木も節の少ない高級材となる。この森の地形は限りなく平坦で、林道も縦横についているので、伐出コストも低い。伐採したところに苗木を植林しても、周りに大きな木が残っていて陽光が制限されているので、下草はほとんど生えてこず、下刈りは不要である。

そして、買い手の製材工場も地元だから、流通のコストも安く済むはずである。

しかし、若い立木の生長を促すために、絶えず森林に差し込む陽光のコントロールが必要で、主に枝打ちでコントロールしなければならない。したがって、この森を維持していこうとすれば、絶えず森の見回り管理と枝打ちが必要で、このコストが大きくのしかかってくる。

もしかしたら、この今須林業は、後の第四節に見るドイツの恒続林にかなり近いのかもしれない。ただ最近では森林所有者のサラリーマン化が進み、管理も行き届かなくなっていると聞くが、事実だとすると大変残念なことである。

⑤産業備林

最近では産業備林という言葉はほとんど死語になってしまったが、かつての日本の資本主義の発展過程では大変大きな役割を果たしてきた。例えば、現在、住友林業は日本でも屈指の大面積の森林を所有しているが、その中で四国に所有する森林は、かつては住友の別子銅山のために使われていた。別子銅山は江戸時代から昭和40年代まで我が国でも有数の銅鉱山であり、地下に坑道を掘り進んでいく際、坑道が崩れないように天井を支える必要がある。現在だと鉄鋼でもって支えるが、当時は木材が使われ、坑木と呼んだ。坑道を掘り進むには新しい坑木が必要だし、耐用年数が来たら、新しいのと交換する必要もあり、トータルとしてかなりの木材を恒常的に必要とした。その坑木の供給源となったのが住友自ら所有する森林であった、このような森林を産業備林と呼ぶ。

かつての王子製紙も広大な森林を持っていた。紙の原料はパルプであり、パルプの原料は木材であった。大量の木材を安定的に入手しなければ紙の生産がストップしてしまう。したがって、日本の製紙会社の多くは、広大な森林を所有してそれを主たる原料供給源とした。かつて日本領であった樺太では、広大な国有林が日本の紙パルプ会社の木材供給源となり、紙パルプ産業の発展を支えた。そこで資本と技術の蓄積を実現して、王子製紙をはじめとする日本の紙パルプ産業は、戦後世界の紙パルプ産業と競争できるだけの基礎を作ったのである。それは、いわば国営の産業備林であった。

しかし現在では、日本の製紙会社が、自社の所有森林から木材を調達している例は少なく、海外からの大量の木材チップに依存している。その方が、価格が安いからである。住友林業の森林も、もはや産業備林の役割を果たしていない。

一方、海外の製紙メーカーはやはり大面積の森林を所有していて、原料確保を行っている。アメリカ、カナダ、ニュージーランド、フィンランドしかりである。

現在の日本では、産業備林として機能している次のような例がある。

もともと大森林所有者であったが、戦後製材業に、そして近年プレカット加工にも進出して、自社山林から伐採した丸太を自社の工場で利用している例である。（従来は、住宅の建築材は、大工がノミやノコギリを使って建築現場で加工していたが、その加工をコンピュータ制御の工場で自動的に行うのをプレカットという。）大規模な製材工場だと年間数万㎥以上の製材用の丸太が必要である。もちろん外部から購入する方法もあるが、自らが森林を所有してそこから丸太を調達できれば、価格の変動に左右されずに、安定的に入手出来て、製材工場の経営も安定するだろう。また、製材工場が望む材質を持った森を作ることも可能であるし、また、自社山林から丸太を調達できれば、流通経費の削減も可能である。こうして、製材加工やプレカット加工を含めて企業トータルとして採算が採れていれば、林業経営を行うメリットがあり、それで産業備林としての機能は十分に果たしていると言える。

また、少し性格は異なるけれども、産業備林的な例を岡山県西粟倉村で見ることができる。ご存じの方も多いと思うが、西粟倉村では、地域おこしとして、林業から木工までを地域内で完結して、最終商品を販売することに力を注いでいる。その間の木材の流通経費の削減をはかり、さらに消費者に地域産木材が見える形にして、商品としての木材の差別化を図っているのが特徴である。

ただここではそのような視点からではなくて、西粟倉村自体が、地域の森林所有者の森林を集めて受託経営し、そこから生産される木材を木工などに供給するシステムを作ろうとしていることに注目したい。調査したわけではないので、正確なことはわからないが、村が森林を経営して木材の供給を行う場合、その林業経営は必ずしも採算が採れていなくてもよい。その森が村おこしのための原料供給源としての役割を果たしていて、地域全体の経済的な底上げに成功しておればいいのであり、たとえ林業経営が赤字であっても村財政でサポートすれば問題はないだろう。

このように考えれば、その森はいわば村おこしの産業備林としての役割を果たしつつ、森づくりが行われていることになる。

第三節　木材以外を目指す林業

林業と言えば、木材を生産するものと思いがちであるが、木材以外のものを生産する林業の可能性について検討してみよう。

①葉っぱ林業

木材以外の利用としては、葉っぱや枝、樹皮、さらには根っこなどがある。ヒノキの樹皮は檜皮《ひわだ》として社寺の屋根ふき材料として用いられている。かつては、北山杉の樹皮も、瓦屋根の下地として、また寿司屋内装の屋根ふき材料として使われていた。隣村の友人は、檜皮を京都の檜皮葺き会社に定期的に販売して副収入を得ている。80年生のヒノキだと1本当たり5千円になる。地中海沿岸では、コルクガシの樹皮から、ワインのコルク栓が作られる。

ヒノキの葉っぱには樹脂分が多く含まれていて燃えやすいため、京都の神社の火を炊く行事に使われている。スギの葉で作る杉玉は、造り酒屋で新酒ができた合図として酒屋の入り口に飾られるが、そのルーツは、奈良県の酒の神様である大神神社で、古来より杉玉が飾られてきたことによる。オーストリア、ウイーンの森のワイン酒場の軒先にトウヒのスワッグ（狐の尾っぽ風に束ねた飾り）が飾られているが、あれは、ワインの新酒ができたという合図である。このように、新酒完成の合図として、針葉樹の飾り付けが行われる風習が洋の東西に見られるのは、偶然とはいえ面白い。

私たちの村では、村おこしの事業として、従来、吊り下げの杉玉を作ってきたが、オールシーズン飾れる杉玉として、テーブルの上に置く卓上杉玉を開発した。北山杉の磨き丸太を20㎝ほどに輪切りした台を作り、その上に半球の杉玉を乗せて室内用の置物にしたもので、飾りつけによって、クリスマス用、お正月用、その他の記念日用などとして販売可能である。北山杉の中のシロスギという品種は、杉玉の材料に適していて、花粉が出ないので季節を問わず販売できる。すでに意匠登録を終えて、今年から本格的に販売予定である。今後、この販売が軌道に乗れば、北山杉の需要増加につながる。また杉玉の材料に用いる葉っぱは、北山杉の枝打ちで切り落とされた枝を拾い集めて利用しているが、それに対して代金を支払うことができれば、林業経営の収入につながることになる。

②クリスマスツリー林業

かつて、アメリカ西海岸で、クリスマスツリーを栽培し販売する会社を訪問したことがある。なだらかな丘陵地には、樹高1mから大きいのになると7mくらいのモミの木が何万本と植林されていて、クリスマスシーズンになると注文に応じて伐採したり、根付きのままで各地に出荷される。アメリカやカナダにはこうしたクリスマスツリーの会社が数多くある。モミの中にもいろいろな品種があって、緑の色の濃さや、葉付きの形が異なるが、絶えずクリスマスツリーとして最適な品種を求めているという。それで私が訪問した時に、「日本にもモミの木があると聞いているが、今のところ当社には日本のモミはないので、種を送ってもらえないか」と頼まれた。

それにヒントを得て、私たちの村おこし事業として、北山杉をクリスマスツリーとして試作してみたところ、好評だったので販売することにした。先に述べたシロスギが、モミに似た形と色をしているので、植林後5年生くらいの立木を根元で伐採すれば高さが2・5mの室内用のクリスマスツリーとなる。1本当たり3千円で販売できるので、林業経営として十分に採算はとれる。ただ、季節的には限定されて、11月20日ごろから1か月の間が出荷時期となる。

クリスマスツリーファーム（アメリカ・ワシントン州）

③森林内栽培

森の中で採取できる有用植物には、山菜や黄連などいろいろ知られたものがある。その典型的なのはマツタケであろう。私の村でもかつて10月といえばマツタケシーズンで、30年生から80年生のアカマツ林に沢山のマツタケが出た。最も収穫量の多かった森林所有者の場合は、1か月の収穫量が現在の貨幣価値に換算すると1500万円に及んだという。家族労働だけでは採取し切れないので、専属の労働者が、マツタケ山の宿泊小屋に泊まり込んでマツタケ採りに専念した。私の家ではそこまで多くは収穫できなかったが、最盛期には足の踏み場もないほどのマツタケが出ていた。そのように集中して出る場所を「こば」と呼んだ。販売用に選別されたマツタケは、京都市内の集荷問屋を経由して銀座の千疋屋にも販売された。選別した残りは、自家用や贈答用に用いたが、食事のたびにマツタケ料理が出てきて閉口した思い出がある。マツタケは珍味であるが、珍味は少しだけ食べてこそ値打ちがあるのであって、沢山食べると何の値打ちもなくなる。

アカマツ林は100年生を超えるとマツタケは次第に出なくなるので、建築用材として伐採する。すると伐採あとに近くのアカマツ林から種が飛んできて、新しい芽が出てくる。植林しなくても自然に新しい森に育つ。北欧やヨーロッパのヨーロッパアカマツもこのような方法で更新される。

ところが、最近ではいろいろな悪条件が重なって、マツタケの収穫量はゼロに限りなく近いが、このように、森の中で副産物が収穫できて収入につながれば大変好ましい。

私たち村おこしグループでは、来年から朝鮮ニンジンの栽培を計画している。朝鮮半島では広く栽培されているが、国内では島根県が産地として有名である。いずれも畑地での栽培であり、施肥や陽光のコントロールが行われている。カナダでは森林内で栽培がおこなわれていて、林内なので陽光のコントロールが不要で施肥もしないので、有機栽培の朝鮮ニンジンとして評価が高い。それにヒントを得て北山杉の森林内での栽培を計画し、昨年、朝鮮ニンジン栽培の専門家の指導を受けて、栽培候補地を選定したところである。

第四節　ドイツ流林業の試みについて

ドイツは日本に次いで植林の歴史は古くおよそ300年前にさかのぼる。しかも明治期にはドイツ流の森づくりが日本に輸入されて種々の試みが行われた。大学の森林教育にもドイツ林学の知識や考え方が取り入れられた。第二節で触れた「法正林」という考え方もその一つである。しかし、日本の林業の現場においては、ドイツの森づくりはほとんど定着しなかった。おそらく、自然条件、つまり気候や植生、それに地形の違いが大きな原因だったのであろう。

日本のある研究者が、最近の著書で、日本林業の今後の在り方について述べている（村尾行一著「森と人間と林業」築地書館2019）。私なりにそれを要約すると、次のようになるだろう。「日本では、スギやヒノキを一斉に植えて、ある樹齢になってすべて伐採し、再びスギやヒノキを植えることを繰り返すような林業は成り立たない。そこで参考になるのがドイツで考えられた、『合自然的かつ近自然的』な森づくりである」という。今からおよそ100年前、メーラーによって提唱された「恒続林施業」である。

「恒続林施業」を私なりに解釈して、要点を示すと次のようになる。「基本的には、ほぼ自然に任せつつ森づくりをする。少しは人工的な植林をしてもよいが、自然に生えてきた針葉樹や広葉樹の混ざった森林であり、いろいろな樹種、いろいろな樹齢の立木が混ざっている森づくりである。それも地元に昔から存在する樹種で構成されている。そして、森を一斉に伐採する皆伐はしてはならない。そうして育ってきた有用な木から、1本から数本の単位で伐採するが、長期間のうちには、何百年にもなる大径木も存在するようになる。この森から生産される木材は商品価値が高いので高価格で販売できる。ただ、この森づくりは、森の特性を熟知していなければならないので、高度な知識や技術を持った人材が必要である。」

同氏は、こうした森づくりの考え方を全面的に支持して、このような考え方で、日本でも森づくり、つまり林業をするべきだという。

私は、このような森づくりに反対ではない。むしろ、我が国の自然条件や林業経営の採算をも十分に検討した上であれば積極的に賛成したい。

そこで同氏が提案する恒続林の森づくりについて私の意見を述べてみよう。

まず、恒続林を作るには、どれほどの時間とコストがかかり、収入はどれくらいになるのか。一斉に植林して一斉に伐採する方法だと、こうした計算はしやすいが、雑多な樹種が混ざっていて、1本ないしは数本ずつ伐採し、しかも伐採樹齢も決まっていないのでは、経営の収支計算はなかなか難しい。

ドイツにおいても、節の有無によって木材の価格が2～3倍異なるが、恒続林の森からはどのような木材が生産されるのであろうか。商品価値の高い木材が生産できるとはいえ、フィンランドなどから輸入される節のない木材とどのように競争していけるのであろうか、そのような検討も必要になってくる。

さらに、かつて私が見たドイツの混交林の森林は、ほとんど平坦地であったが、ち密な施業と伐採が要求されるなら、日本の急峻な地形が妨げにならないのかも検討しなければならない。同氏がそのような森づくりを勧めるなら、多少なりとも具体的なガイドラインの提示がほしい。

ドイツの森

それともう一点指摘しておきたい。ドイツの森には数十種類の樹種があり、それぞれの森にはそのうちの何種類かの樹種が育っている。しかし日本で行う場合はどんな樹種が考えられるのか。同氏は、森づくりのスタートでは、スギやヒノキをまばらに植えた後、植林木の周りだけを下刈りする、いわばツボ刈りをして、その間に生えてくる雑木をすべて生かして、針葉樹と広葉樹の混交林に誘導すればいいという。私もツボ刈りの方法を数年間試したことがある。日本の温暖多雨の気候下では、生えてくる雑木の種類や本数は大変多いが、残念ながら、将来有用となる広葉樹や針葉樹は全くと言っていいほど含まれていなかった。それにツボ刈りでスギやヒノキが順調に育っていくかは疑問であるし、翌年ないしは翌々年に再びツボ刈りをするにしても、以前にツボ刈りから外れた部分の雑木が邪魔になり、作業者の移動がしにくくなって、かえって下刈り費用がかさむ。実際に現場の労働者から、ツボ刈りはトータルとしても余計に手間がかかると批判された。

このように、この森づくりの方法にもいろいろと問題点が考えられる。趣味の林業であれば別だが、林業としての提案であれば、ドイツでの採算を検討したうえで、日本の樹種、気候や地形条件に合わせてアレンジメントが必要であり、そう考えると越えなければならないハードルは決して低くはない。

メーラーも「恒続林施業」には高度な知識と豊富な経験を持った林業人が必要だと言っているのであるから、まず何よりも日本の自然条件を熟知した実行力のある人材の育成が必要であろう。

第六章　海外の住民と森とのかかわり方

海外の林業の盛んな国々を訪れた目的は、私自身の研究や情報収集であった。しかしその間を縫って、いわば自由の時間に町や田舎を歩いたり、自然の観光地を訪れたりして楽しんだ。また、本の中で、海外の人々と森林や山村との関係についての興味ある記述を見つけたことも少なくない。そういった中から、一般住民の人たちの生活を垣間見るとともに、森林をどのように理解して、森林とどのような関係を持っているかについて、私の印象に残ったことを述べてみたい。

第一節　アメリカ人の森遊び

アメリカの国有林では、森林の入り口にインフォメーションオフィスを設けて、市民に登山・ハイキング・キャンプ・フィッシング・スキーなどについて詳細な情報を提供し、施設の予約なども行っている。大都市のダウンタウンにもインフォメーションセンターがあって、同様の業務を行っている。

景色のいい森や森林公園には現地ガイドがいて、訪問者に希望を聞いて行きたいコースを案内してくれる。1時間しか時間がないと告げると、その時間内に収まるコースを案内して、生えている樹木の名前をはじめ、その木の性質や用途についても懇切丁寧に教えてくれた。それから、森にすむ動物や川にいる魚の種類、その川はどこから流れてきて、どこに行くのか、そして下流域に住む人たちにどんな恩恵を与えているのかなども説明してくれた。小さい子供にとっては、わかりやすくて何とも行き届いた親切な説明だった。子供たちもこうして自然や森のことを学んでいくのであろう、このように市民と国有林の森とがとても近い関係にあるのがわかる。

さらに別の国有林の山奥に入っていった時である。林道を歩いていると、林道の両側それぞれ5mほどの幅で樹木が伐採されていた。森林火災の防火帯が作ってあるのかと尋ねたら、冬季のカントリースキー用に切り開けてあると答えが返ってきた。

さらに国有林内の一角にキャンピングサイトがあった。もちろん、キャンピングカーが駐車できる大きなスペースも用意

車で森に（ワシントン州）

してあり、その日は休日ではなかったが、何台かのキャンピングカーが止まっていた。車のそばに高校生くらいとその父親らしき人がいたので、どこから来て、ここに何日泊まるのかと聞いてみたら、なんと1か月かけてあちこちの森の中でキャンプをしながら回っているのだという。日本ではちょっと信じられないような長期のキャンプである。私は一瞬、そんなに森の中ばかりで退屈しないのかと尋ねようと思ったが、聞かなかった。どうやら、そんなキャンプの旅は、アメリカでは珍しくないようだったからで、それで、何かアメリカ人と森との関係がわかったように思えた。

ヨセミテ国立公園に行った時のことである。この公園はカリフォルニア州にあり、日本人もよく訪れる人気の高い公園で、急峻な岩山がそびえ、ロッククライミングのメッカでもある。公園全体に豊かなオールドグロス（数百年生以上の原生林）の森林が広がっていて、公園に近い高台から公園を一望すると、数km遠方に狼煙のような煙が数条立ち上っているのが見えた。単なる焚火ではないと思って案内してくれた人に尋ねると、あれは「pre-fire」だという。その意味が分からなくてさら

ヨセミテ国立公園の pre-fire（カリフォルニア州）

に説明を求めると、「まもなく乾燥の時期が来て森林火災の危険が増しますが、ここは国立公園なので森林を火災から守って景観を維持しなければなりません。それで、火災が発生したり、広がるのを防止するために、あらかじめ燃えやすい灌木や下草に火をつけて燃やしているのです。燃やしている間に、樹木にも燃え移ることもありますが、大きな火にはならず、樹木の皮の表面だけが焦げる程度ですみ、枯れるなんてことはありませんよ」という。このように、国立公園の美しい森を火災から守って、市民に楽しんでもらう努力をしているのである。

第二節　フィンランド人と森

周知のように、フィンランドは森と湖の国である。森と湖がモザイクのように広がり、独特の景観を作り出している。湖の数は、大小さまざまで、数えきれないくらいあるが、その湖のほとりの所々に丸太で作った小さな小屋が立っている。大きさはせいぜい5～6坪くらいであろうか、小屋のそばにはマキがどっさり積み重ねてある。それはフィンランド人の大好きなサウナ風呂なのである。

さらに森の中に入っていくと、そこには、もう少し大きい木造のロッジが建っていて、サウナ小屋とセットになっている。フィンランドの人たちが休暇を過ごす別荘であり、それを取り巻く森林も彼らの所有である。週末や夏の休暇には、このような別荘に家族で滞在し、長い場合は1か月にも及ぶ。

民宿ではないので食料を持ち込んでの自炊生活で、湖でとれる魚、森でとれるベリーやキノコはもちろんごちそうになる。

滞在中には、親子で森の中を散歩したり、木を切り倒してマキを作ったり、ベリーやキノコを採ったり、小屋を修理したり、湖で泳いだり魚釣りもする。私も一度別荘に招いてもらった。森にはびっしりとブルーベリーが生えていて、ベリー摘みをしたが、ほんの10分間で直径30㎝のカゴがすぐいっぱいになった。それからサウナにも入った。もちろんサウナは混浴で、ホストの家族と一緒に入るが、奥さんも一緒なので、真っ裸で入るのはてとても恥ずかしい、隠すものは入浴中に体をたたく白樺の枝だけだから。

日本の古い温泉湯治場の混浴風呂を思い出してその話をしたら、我々はウラル-アルタイ語系の同じ先祖に違いないという事になって、ますます親しくなった。

十分に温まったら、そのまま裸で外に出て、小さい桟橋から前の湖にザブンと飛び込む。とても冷たい水なので、日本の医者だとそんな危険なことは絶対ダメだと言うだろうが、フィンランド人はノープロブレムだと全く気にしていない。私も思い切って飛び込んでみたが、湖で真っ裸で泳ぐのは気持ちがいいというより、下半身が何やら落ち着かず妙な気分であった。

今までフィンランドの湖は青く澄んだ水をたたえていると思っていたが、飛び込んでみると全く違っていて、水はまるで黒ビールのような色をしていて、透明度は１ｍぐらいしかない。だから、湖の底がまったく見えない。湖の水温が年中低いので、底に沈んだ木の葉っぱや幹が分解しないまま堆積するとこんな色になるらしい。同じような色の湖をカナダのケベック州で見たのを思い出した。

サウナから湖へ（フィンランド）

しばらく冷たい湖で泳いで体が冷えてくると、再びサウナに入る。これを何回か繰り返すのがフィンランド流である。森の中の別荘でサウナに入り、湖で遊び、森で遊ぶけれども、周りにはレストランもなければコンビニやゲームセンターもなく、森と湖ばかりである。それで退屈しないのだろうか。こんなところでゆったりと1か月も過ごすなんて、楽しいのかと聞きたかったが、かろうじて踏みとどまった。なぜなら、「とっても楽しいよ、君も体験してみない？」と言われそうだったからだ。最近の子供たちはさすがにそれだけでは退屈するようで、「ママ、ゲーム機を持って行ってもいい？」と言うのだよと聞いて、ちょっぴり安心はしたけれど。

ベリー摘みで思い出したが、ロシアのシベリアの人達もベリー摘みを楽しんでいる。ハバロフスクの街中で知り合った大学生に自宅に誘われた。彼は両親と姉妹と一緒にアパートに住んでいて、日本人と知ると珍しいのか、家族はニコニコ顔で迎えてくれた。ちょうどおやつの時間だったらしく、紅茶とお菓子、それにベリーのジャムを御馳走になった。多くのハバロフスクの市民が、毎年家族中で森にベリー摘みに出かけて、ジャムを作って楽しんでいるそうである。

第三節　バリ島の休暇

インドネシアのバリ島に行った時のことである。

私は7日間の予定でホテルに滞在して、毎日島内の有名な見どころを回っていた。たまたまホテルのプールで泳いでいたところ、プールサイドでゆったりと寝そべって昼寝をしている人、あるいはパラソルの下で読書をしている人たちが何人かいた。いずれも白人だったが、そんなことをしながら、日がな一日過ごしているようである。せっかくバリまで来て観光もせずに何をしているのだろうと思って、ホテルの支配人に聞いてみた。

「このホテルにはどこの国の人たちがやってきて、何をして過ごしているのか」と。するとホテルの支配人は、「そうですね、滞在日数から言いますと、ヨーロッパのフランスやドイツからやってくる人たちは、大体3週間、オーストラリアからの人は10日程度、それに日本やアジアからの人たちは5日程度ですね。特にヨーロッパからの人達はプールサイドなどでゆったり過ごしていますね。日本からくる人達はもっぱら観光地巡りや買い物ですね、だから、プールサイドなんかでゆったりすることはないですね」と。それで私は再び尋ねた「観光地めぐりをするのは日本人だけか」と。すると帰ってきた返事は、「いえいえ、観光地めぐりに一生懸命なのは、日本人だけでなく、韓国の方も、台湾の方も、シンガポールの方もそうで、アジアの方はみんなそうですね」と。

それを聞いて私は思った。やっぱりヨーロッパ人は外国に来ても、1か所にとどまって、ゆったりと過ごすのだ、それに対して、日本人はせかせかと飛び回っているのだと。これで、ヨーロッパ人と日本人との休暇の過ごし方の違いがよくわかる。

第四節　ヨーロッパ人のDIY

フィンランド人のアフターファイブについてみてみよう。

冬はヘルシンキでも午後2時を過ぎると暗くなってくるが、夏場は白夜で、夜中の12時になってもまだ本が読めるくらい明るい。だから、仕事を終わってから寝るまでの時間がたっぷりあるが、その長い時間を、彼らはどのように過ごすのだろうか。最もポピュラーなのはDIYつまり日曜大工だそうで、木材を手に入れて、自分の家の改善や補修を行い、ヨットを持っている人は、ヨットの修理やペンキ塗りをする。それがまた、なんとも楽しいのだという。

こうしてフィンランド人は森の中で遊ぶのも、木と戯れるのも大好きである。

今、ＤＩＹの話が出てきたので、フランス人のＤＩＹについて触れておこう。

フランスのパリで、大手のＤＩＹ店を訪れた。日本の大型スーパーマーケットの何倍もあるコストコのような巨大な店で、なんと木材を中心とした日曜大工の部材や材料に特化した専門店である。木造階段のセットまで売っており、その完成見本として回り階段やら直角階段など十数種類の階段が展示してある。

パリ郊外の DIY 店

いくらＤＩＹが好きだといっても、素人が階段を一から作るのは難しいので、それを買って帰って家で組み立てるのである。駐車場では、何台もの自家用車が、建築用と思われる木材を、屋根に何本も積んで帰宅しようとしている光景に出会った。

おそらくこのような光景はヨーロッパでは一般的なのだろう。もしそうだとしたら、ヨーロッパの人たちは日常的にＤＩＹによって木材と親しみ、木材の樹種も性質もよく知っているはずである。

第五節　森大好きドイツ人

ドイツのシュバルツバルト、黒い森はドイツ南西部、フライブルグの近くにある巨大な森である。森の中に入ろうとしたら、林道の入り口に門扉があって、林業関係者以外の車は入れないようになっているが、人や自転車の通行はできる。歩いて中に入っていくと、70歳くらいであろうか、仲のよさそうな夫婦らしき人が、軽装で手をつないで散歩をしているのに出会った。服装や慣れた足取りから見て、しばしば散歩しているように思えた。

話は変わるが、ドイツ人と結婚した日本人女性によって書かれた本を読んで、大変興味を持ったことがある（川口マーン恵美著「ドイツからの報告」草思社 1993）。彼女がドイツ人と結婚してドイツに住み始めたところ、近所の女性と親しくなった。そしてある日、その女性の家に午後のお茶に誘われたので、興味津々で行ってみたら、そこにはすでに数人の女性たちが集まっており、いずれも近所の親しいお友達のようであった。すぐにお茶とお菓子が出てきて、日本でもおなじみの、たわいのない話をしながら楽しい時間が過ぎていった。1時間余りすると、ホスト役の女性がこう切り出した、「それじゃ皆さん、そろそろ森に散歩に出かけましょうか」と。彼女はそれを聞いて、なんと散歩付きのお茶会なのだと思い、喜び勇んでみんなについていった。近くの森の中を歩きながらもおしゃべりが続き、日本では経験したことのないとても楽しい散歩で、世間話もあれば森の話もした。なんてドイツは素晴らしいところなのだろうと感激した。そこまではよかったが、次の週もその次の週も同じペースで繰り返されたので、ある日ふと思った。「いつも同じ森を散歩して、みんな嫌にならないんだろうか」と。けれども、その散歩は依然として続く。そして彼女はついにある日決断した。「もう、あのお茶会に行くのやはめよう」と。

彼女には、森の中の同じコースを歩き続けるドイツ人女性の気持ちはついに理解できなかったのである。

著者と著書名は全く忘れてしまったが、ある日本の研究者が、ドイツの山村を訪れた時のことを書いた本を読んだ。

訪れたその山村には、若者や子供達の姿も多くみられ、日本の山村とは全く違う光景に出会い驚いた。彼は日本の山村の過疎問題に関心を持っていたので、1人の若者に聞いてみた。「日本の山村には若者がいないし、人口も減ってきて寂しくなっているけれども、この村には沢山

シュバルツバルトの散歩道（ドイツ）

の若者が住んでいて、大変活気があるように思う。あなたたちは、街に出て行かないで、何故この村に住んでいるの？」と。そしたら、その若者は次のように答えた。「そりゃ、街には便利なものや楽しいところが沢山あるけれども、でもただそれだけじゃないの？」と。それなら村にはどんないいところがあるのかと、聞きたかったが、ついに聞けなかったという。本には、その理由は何も書いてなかったけれど、私が思うに、もし聞いたなら、「そんなこと知らないの？」という答えが返ってきそうだったからではないだろうか。

森歩きを楽しんで休憩する人たち（シュバルツバルト）

話は変わり、私がドイツシュバルツバルトの森の中でハイキングをしていた時のことである。ちょうど休日だったこともあって、2人の小学生らしき子供を連れた若夫婦に出会った。その若夫婦は、子供たちに対して、時々立ち止まっては森の木や草の説明をしているようだった。こうして子供たちは、学校の先生でなくて、自分の両親から自然の教育を受けているのだと思った。道理で、ドイツ人の多くは森の木や草の名前をよく知っているはずだ。それからさらに驚いたのは、間伐のしてある山としていない山の区別もできて、森づくりについての知識もあるという。それでふと気になったのは、私が在任中、大学の林学科に入学してくる学生で、スギとヒノキの区別ができる人はほとんどいなかったことである。私がその区別ができるのは、たまたま林家に生まれたからであって、そうでなければ知らなかったかもしれない。

ドイツの木工機械メーカーで聞いた話を紹介しよう。ドイツでは自分の家を建てる時には、土台や柱などの骨組みは大工に頼むが、内装などは自分でする人が多いという。ドイツの小学校の工作室には、プロが使うような木工機械があって、小学生の段階でその機械を使いこなす授業が行われているのである。それならば、ＤＩＹで内装を手掛けるなんてお手の物だ。日本の小学校の工作時間では、けがを心配して、切り出しナイフやのこぎりさえ使わせないのと比べると、両国の教育の落差に驚かされる。

このように、ドイツ人は子供の時から、森のことだけでなく、木のことやその加工の仕方まで学んでいるのである。

さらに木工機械のベンツと言われているヴァイニッヒという会社を訪問した時である。工場を見学させてもらった時に、工場の床が積み木のような木片で作られていたので、その理由を尋ねたら、「工場の作業員は、絶えず工場の中を歩き回りますが、作業員の足腰の負担が最も少なくて、体が疲れないのがこの床なのです」と。木材のことが実によく研究され、人間工学的なメリットが十分に生かされていて、とても素晴らしいと思った。

第六節　農家民宿と森

ドイツやオーストリアの農山村には農家が営む民宿が多い。山村に出かけ、十数軒の民宿に宿泊して、民宿や林業・農業のこと、それに宿泊客の行動などについて聞き取り調査をしたので、それに基づいて述べてみよう。

平野部にある農家ではブドウ栽培をしてワインを作っている農家もあったが、山間部では牧場で牛やヤギを飼って、ミルクやバター・チーズを加工しているケースが多かった。その上に森林を所有して木材生産もしているのが一般的なパターンである。

民宿としては、週末の宿泊もあるが、やはりメインとなるのは夏、それに冬の休暇シーズンである。私たちは1泊だけだったが、そんな短期滞在の客は少なく、夏などは2週間単位の長期宿泊でないと受け付けないそうである。朝食はついているが、夕食は村の中にあるレストランでとる人も多い。朝食は、パン、コーヒー、ミルク、ハム、卵、チーズなどが出るが、自家製の食材が多く、小さいけれども自家菜園も持っている。結局、食材として買ってくるのは、小麦粉、コーヒー、砂糖、塩ぐらいである。村の中のレストランでは、ビーフもあるが、シカやウサギ料理それに淡水魚料理などが中心であり、それらはほとんどが地元産である。民宿の主人のほとんどがハンターであり、撃ち取った獲物は村のレストランに卸したり、自分のレストランで使う。このような狩猟は古くから行われてきたようで、狩猟民族の名残りなのであろうか。玄関や階段の壁には自分が仕留めた鹿の剥製や角がずらりと飾ってあり、大変誇らしげに手柄を話してくれる。

農家は、森林を持っているのが普通で、数haから数十haの所有規模であり、針葉樹の一斉林が70~80%を占め、あとは、針葉樹と広葉樹が混ざった混交林や広葉樹の林である。

所有する森林からは、ほぼ毎年伐採をして木材を収穫しているが、いい木材は販売して、よくない木材は自家用の修理材として利用したり、自家用の燃料に用いる。森林の伐採は自分で行うが、伐採量が多い場合は専門業者に頼むようである。

主人は簡単な家の修理はすべて自前で行うので、作業小屋には製材機やプレナーなどが置いてあり、食堂のテーブルやいすも作る。

このように、山間地域の農家は、食料、燃料材、修理木材のほとんどを自給し、農業、畜産、林業、それに民宿をほとんど家族労働力で賄っていて、自給自足にきわめて近い。このほか収入は、ミルクやチーズ、木材の販売と民宿経営収入があり、さらに条件不利地域の農家に与えられるEUの補償金によって支えられているため、農家の人たちは、豊かな田舎の生活に満足

オーストリアの農家民宿

家族連れで民宿へ

地元産のマス料理

農家民宿で飼っている乳牛

している様子であった。大学を出た娘さんが町で就職せずに、実家の農家民宿を継いでいる例にも出会ったが、民宿の将来像についても楽しそうに話してくれた。

さらに印象的だったことは、民宿を営む人たちには比較的若い世代も多く、私たちが訪問した時には、小学校の子供たちが出迎えてくれた事であった。

農家の森を見せてもらっていると、次のような質問を受けた。「最近、シカが植林した木を食べて困っているのだけれど、日本ではどうなの？」と。私は、「村には沢山猟師がいていつもシカをとっているじゃないの？　それなのに、なぜシカの害があるの？」と尋ねた。すると、「今までは確かにそれでシカの害はなかったのだけど、最近はニュージーランドからシカ肉がドイツに輸入され人気がある。それで、このあたりのシカ肉が売れなくなり猟師も獲らなくなって、その結果シカが増えてきて

農家民宿　自家生産の薪

農家民宿の作業小屋

いる」という答がかえってきた。

その話を聞いて、ふと、ニュージーランドで聞いた話を思い出した。確かニュージーランドでは、羊の放牧地を他の用途に転用して、その用途の一つがシカ牧場で、シカ肉をヨーロッパに輸出していると聞いた。化学繊維の普及がニュージーランドの羊毛生産の縮小を招き、ドイツの森でのシカの食害につながっているとは、まさに「風が吹けば桶屋が儲かる」の国際版だと思った。

農家民宿を営む若い家族

それから余談をもう一つ。日本のシカ食害の原因については、「スギやヒノキを植え過ぎた結果、シカの食べ物だった広葉樹や草などが少なくなったので、スギやヒノキの葉をも食べるようになったから」と言われているが、本当にそうだろうか。先にも述べたように、ニュージーランドとドイツとの関係から類推すると、次のように考えられるのではないだろうか。

「日本の野生のシカは、以前は村に住む猟師によって捕獲され、毛皮は敷きマットとして、角は壁飾りや置き物として利用され、そして肉はたんぱく源としてかなり広範に食用とされていた。つまり、シカが丸ごと商品化されていたのであり、それによって、村の猟師も生計を立てていた。しかし、シカ肉は元々さほど美味しいものではなかったし、自然のえさを常食しているので、品質もばらばらだった。それに対して、豚や鶏の飼育技術が進歩して、豚肉や鶏肉の味が向上して品質も安定し、かつ価格も大変安くなった。その結果、シカ肉は、豚肉や鶏肉との競争に負けて、売れなくなる。すると、猟師がシカを獲らなくなってシカの頭数が激増して、シカの食害につながった」と。私も京都市内のレストランでジビエ料理としてシカ肉を食べたが、あまりおいしいとは思わなかった。日頃食べている豚肉や鶏肉の方が、甘みもあってずっとおいしいと思ったからである。同じように、ドイツ人も飼育されたニュージーランドのシカ肉の方がおいしいと感じているのであろう。

ところで、こうした民宿に滞在する人たちは、長い滞在の間は何をして過ごしているのだろうか。村にはコンビニもなければ、映画館もゲームセンターもない。有名なお寺や観光地などの見どころもない。何もない、森に囲まれた、変哲もない田舎なのである。別の機会にフライブルグ近郊の民宿で聞いたところによると、一般的には森の中を歩くことが多く、次いで森の中でのベリー摘みやキノコ狩りであるという。ヨーロッパでは一般の人たちが、森の中に入ることが法的に認められていて、木材以外ならベリーや山菜は自由にとってもよい。この点は日本とは大きく異なる。

しかしそれにしても、よくもまあそれで2週間も過ごせるものだと、われわれ日本人は思う。かつて、北海道の十勝や富良野の農家民宿調査もしたことがあるが、お客のほとんどが1泊で、20％の人が2泊であった。1泊の人達は、北海道の有名な観光地を回るうちの1泊として農家民宿に泊まる。2泊する人達は、牛の搾乳であるとか、農作物の収穫体験を希望する人たちである。ただ残念なことに、近くにカラマツの美しい森があっても、森の中を歩く人はほとんどいないという。

第七節　森とヨーロッパ人そして日本人

これまで見てきたことから、アメリカ、フィンランド、シベリアそれにドイツ・オーストリアの人たちの森とのかかわりがよくわかる。都会に住む人についても、民宿に泊まる人達についても、また、森林を所有する人達についても、とにかく、森との関係は大変強くて密である。

なぜこのように森と近しい関係にあるのかについては、私はよくわからないが、今のところ次のように考えている。

もともと、ヨーロッパの人々は狩猟民族であったために、絶えず森との関係を保って、森の恵みによって生活してきた。ところが、次第に町に住む人達と田舎に住む人達に分かれていった。田舎に住む人達は今でも森との直接的な関係を維持しているが、町に住む人達は、時間があれば田舎に行って森歩きやベリー摘みなどして、森との関係を楽しんでいる。また、ウイーンの森やフォンテーヌブローの森などヨーロッパの都市の近くには大きな森があって、市民がよく利用していて、そこでは乗馬も盛んである。さらに町のレストランで森のジビエ料理に舌つづみを打っている。このように、都会においても「森の文化」が厳然と存在しているのである。

このように、今なお、市民と森林とが密な関係にある事は、市民が絶えず森林を見つめ、森を知り、森の状態を把握していることにつながる。また、趣味のＤＩＹを通じて、使う木材の樹種はもちろん、それがどのような森から生産されるのかも知っている。先にも見たように、ドイツ人は一般人であっても、間伐のできている山の判断もできる。そうだとすると、例えば、「森はきれいで当たり前」との思いを共有しているのではないだろうか。だからもし最近の日本のように、森林が手入れ不足で暗くて寂しいものになっていたら、また、伐採跡地の山肌がむき出しになって、むごい姿になっていたら、誰かが気づいて悲しみの声を上げて改善を望むのであろう。しかし、恐らくそうなる前に、山側、森側の人たちが感じ取って何らかの対応をとるのであろう。その役割を果たすのは、ドイツだったら、森林所有者かもしれないし森林官かもしれない。では、日本でそんなことがあるだろうか。確かに貴重な自然が破壊されそうになったときは、反対運動がおこり、破壊された場合には大変な非難が起こる。貴重なブナ林の残る白神山地はそのようにして守られてきた。でも、ごく普通のスギ林だったらどうだろうか。

間伐された森林（ドイツ）

間伐もされない真っ暗なスギの森があったとしても、それに対する批判は起こらないであろう。なぜなら、一般の人達は、スギ自体を知らないかもしれないし、たとえ知っていても、日常的にスギの森の中を歩いてもいないし、森林のあるべき姿なんて考えたこともないだろう。ましてや林業の置かれた実情なんて知る由もない。

だから、日本では、森が間伐もされずに放ったらかしになっていても、また大型機械が森の中に入って行って森を荒らしていても、それを異常だと思う市民側からのリアクションが生じないのであろう。森林分野を担当する公務員であっても同じかもしれない。それが、森林荒廃を許す社会的背景となっていると思う。

もしかしたら、我が国は、「木の文化の国」ではあるが、「森の文化の国」ではないのかもしれない。第一章では、京都の町と北部の森林との歴史的な関係を見たけれども、それは建築材や薪炭という、木材をめぐる経済的な関係にとどまり、森との直接的な関係ではなかったのである。

「森の文化の国」であるためには、ヨーロッパのように市民が自由に森の中に入れて、樹木以外のもの、例えばイチゴやキノコ、それに山菜や野花などを自由に採取できる法制度を作ることも必要かもしれない。また最近盛んになってきた子供たちの森林教室や森林ボランティアの活動を広げていくことで、市民の森への関心も強くなって、山村住民と共に日本の森林を守ろうという新しい一体感が生まれるかもしれない。

しかしよく考えてみると、そのような方法で果たして市民の人たちは森林に関心を持って森との関係が近くなるのだろうか。ドイツ人のように、毎週同じ森を散歩するようになるだろうか、農家民宿に長期滞在して、ゆったりと森の中を歩くようになるだろうか、森の中の植物や樹木の名前をすらすらと言えるようになるだろうか、小学校で本格的な木工機械を使って工作するようになるだろうか、日曜大工で、自分で家の内装をやり遂げられるだろうか。それらは、学校での教育、家庭での教育、それに諸団体による教育によってある程度は実現するだろうけれども、それには気の遠くなるような、とてつもなく長い時間が必要だろう。

第七章　新しい森づくりと林業に向けて

第一節　趣味の森づくりの芽生え

私の所有林の隣に大変手入れの行き届いた、気持ちのいい森がある。林道に面していて広さは2haほどであろうか、スギの林もあるが大部分はアカマツ林である。元は地元の人が所有するマツタケ山であったが、数年前に京都市内の会社社長の所有になった。いわば、不在村地主の所有林である。私の村では、不在村所有者の山は、在村所有者の山よりも手入れが悪いというのが一般的常識であったが、このケースでは全く逆である。

社長がもともと山が大好きということもあって、この森を社員のレクリエーションや遊びの場として活用している。週末には10名程度の男女や子供たちが車でやってきて、山に入っていろいろなことをして楽しそうにしている。立木の伐採、薪づくり、山道の整備、アカマツ林内の下草刈り、それに自分たちが作った薪を使ってのバーベキューなどの食事会である。こうして、まるで公園のような明るくて楽しそうな山になっている。隣の私の山はヒノキの高齢林で最近は手入れは全くしておらず、かなり暗い林になっているので、何か後ろめたささえ感じる。明るくていい森だなあ、私もこんな森が欲しいなと思う。

このような例が他にもう1か所ある。

同じく私の隣の山で、3ha程度の広さであろうか。全山スギの林で、半分くらいがすらりとした北山杉の林で、10年ほど前に、大阪の人が地元の所有者から買った。林道からかなり離れていて、林道端に車を置いて山道を尾根近くまで20分程度登らなければならない。森の中には比較的平らな場所が300㎡ほどあり、ここには休憩場所としての山小屋、野菜を作る畑、果実をとるための梅の木や山椒の木が植えてある。

新しい所有者は会社を定年退職した後、この森を買って、週に数日通ってきて森づくりを楽しんでいる。とりわけ北山杉の森の手入れが行き届いていて気持ちがよくて、私から見てもうらやましい限りである。森の中には、もともと作業のために通行する幅60㎝ほどの歩道がついていたが、その維持補修も完ぺきになされていて、少し路肩が崩れても、間伐木の杭を打ち込んで土留めをしてある。全くの趣味の森づくりが行われている。

私の村では、森づくりを家族労働でするのが理想的だと言われている。それは、我が子のごとく森を慈しみ育てることができて、とても美しい北山杉ができるからである。そのような所有者の森に行ってみると、完璧に手入れが行き届いていて、地元の人も、「なめるように手入れされている」と表現する。

それと同じように、この趣味の森も実に丁寧に手入れがなされている。この山の所有者は、きっと山が大好きで、自分の理想通りの森づくりをしているのであろう。

私の地域には、このような趣味としての森づくりが、その他にも数件行われているが、いずれも最近10年間の新しい現象である。

私は管理のために時々自分の持ち山を見回るが、その時、足の向かない森とよく足が向く森がある。足の向かないのは、暗くてうっとうしい森、ジメジメした森、台風などで倒木の多い森である。それに対して足が向くのは、スギやヒノキの森であれば、よく手入れされた明るくて美しい森、そうした森は、また手入れをしようと思う。すると、ますます美しい森になっていく。アカマツ林であれば、「松風」の聞こえる尾根筋の森。そこでは、そよ風が吹いてきて松の枝に触れると、風の奏でる優雅な音が聞こえて来て幸せな気持ちになる。雑木林であれば、かさかさと葉の擦れ合う音とともに、いろいろな小鳥のさえずりが楽しい。秋の紅葉時期になると涙が出てくるほど美しい。

そのような森が人を惹きつける。森づくりのキーワードは、美しい、楽しい、心地よい、幸せかもしれない。そこに人と森との接点があるように思える。

コロナウイルスをきっかけとして、都市の人たちが森林を取得する事例が増えているという。「キャンプを自分の森で」が主な目的らしいが、新しい傾向である。

10年ほど前にアメリカの雑誌で、次のような記事を見た。アメリカ南部のフロリダ半島で、趣味の林業が流行っているというのである。

ニューヨークなど、大都会に勤めていて退職した人達が、土地を買ってそこで楽しみながら林業をやっている。成長の早い樹木を植えて手入れをし、大きくなったら木材として販売することもあるが、木材の販売は副次的な目的で、とにかく体を動かして森づくりをすることが大好きな人たちだという。

第二節　若者と林業

ここでは、最近のもう一つの新しい傾向として、若者が森や林業に関心を持ち始めている2〜3の動きについてみてみよう。

2014年に全国の映画館で上映されて人気を博した映画に、「ウッドジョブ」というのがあった。三浦しをん原作（祖父が林業従事者であった）、染谷翔太主演で、都市に住む若者が林業に関心をもって森づくりや伐採事業に携わる物語である。熟練労働者に怒鳴られながらも次第に林業になじんでいき、山村の人たちと新しい関係を結んでいくが、林業の実態を描いたという点では我が国で初めての映画であっただろう。

二つ目は、10年ほど前から「林業女子」が新しい動きを始めたことである。今まで、林業は男社会と思われてきたが、「男何するものぞ」と若い女性が殴り込みをかけてきた勇ましいグループである。確か京都が発祥の地だったが、今では全国に広がりつつある。森や林業に関心のある若い女性が、林業について学びそして現場で活動するのである。このような現象は、世界で最も古い林業の歴史を持つ我が国でも、初めてである。

三つめは、都道府県の林業関連団体が林業労働者を募集すると、都市部で働いていた若者が応募してくる事例が増えていることである。あくせくした都市生活になじめず、上司もいない森の中でのびのびと働きたいというのであるが、ただ理想とは違って、数年して林業から離れていく人も少なからずいることは残念である。

このように、最近若者が森や林業に関心を持つ新しい動きは、生きがい、田舎志向、自然志向、環境意識、趣味などに基づいているのであろう。そんなに森を思ってくれる若者の気持ちを、森づくりに結び付けない手はない、むしろ絶好のチャンスである。

第三節　都市住民による森づくりと林業

既に見たように、我が国では森林の所有放棄が拡大している。相続をきっかけに相続放棄して、所有者不明の森林になってしまうのである。国は、そのような森林を国有化などにより、公的に管理ができるような仕組み作りを試みているが、森林を放棄ないしは手放す傾向は確実に、しかも急激に増えつつある。

先にも見たが、私の知り合いの木材業者は、取引先の森林所有者から押し付けられた多くの裸山を抱えて困り果てている。

私自身も、「山の管理もできないので、山を土地ごと買ってくれる人を紹介してほしい」と頼まれることが多くなってきた。最近3年間で、近隣地域の3人の森林所有者の森林60haの売買の仲介をしたが、買い手はいずれも地域外の人であった。もちろん私は仲介手数料はもらわず、まったくのボランティアであるが、そのような仲介は、全く苦にはならない。何故かと言うと、森林に関心を持ち、林業経営をしたいと思う人に所有してもらえば、その森は幸せだと思うからである。

私の周りで売買されている森林の値段を見ると、裸山だとほとんどタダに近く、せいぜい1haが数万円である。スギやヒノキが生えている場合は、その樹齢や立地条件にもよるが、平均して1ha20万円から50万円ほどである。坪単価に直すとなんと数十円である。

甲子園球場ほどの広さのスギ山だと１００万円程度の値段である。森のことなど全く知らない人だと、1桁どころか、2桁違うのではないかと思うだろうが、１００万円で正しいのである。

このように、山側では、もう林業経営ができないので、森林を手放したいと思っている森林所有者が急増している。
そして他方では、都市の人たちや都市の若者の中に、森林や林業に関心を持ち、森づくりや林業をやってみたいという、森好きの人たちが現れ始めている。もし希望するなら、少しの貯金で山を買える状況になっている。（さらに税金については、30ha以下の森林だと、他の所有資産額にもよるが、まず、相続税の課税対象にはならない。森林からの収入に対する所得税は、他にどれだけ所得があっても、50万円まではかからないし、それ以上であっても、他の所得とは合算せずに、山林所得として単独で計算される。例えば３００万円の収入があれば、税金は最大５万円程度である）
それなら、山を売りたいという山側の人たちと、山を買いたいという都市側の人たちを結びつけたらどうだろうか。現段階では、そのような結びつきは、まだ点状にしか過ぎないが、それがやがて線になり面になって広がっていけばいい。今まで森林ボランティアにかかわっていた人達も、そんなに安いのなら自分で山を所有したいというケースも出てくるだろう。「好きこそものの上手なれ」である、森が大好きな人に所有してもらって森づくりをしてもらえば、きっと健全で美しい、いい森になると思う。そうなると、中国資本が広大な森林を所有することへの不安もなくなるに違いない。
しかし、山を買いたいと思っても具体的にどうすればいいのかわからないし、クリアーしなければならないハードルが沢山ある。まず売りに出ている山の情報はどこで得られるか、買う場合にはどのような手続きが必要か、山の境界ははっきりしているのか、山村の人たちとどのように付き合えばいいのか、森づくりの指導はどこでしてもらえるのか、課税される税金はどれくらいか、林道の維持はどのようにするのか、森づくり補助金はどうしたらもらえるか、などなど。

そのような課題に応えうる、最も適切だと思われる組織は、全国各地にあって、森林所有者で構成する森林組合である。農業でいう、農協のような協同組合組織であって、林業や森づくりに関しては多くの情報を持ち、オールマイティーで信頼に値する。

さて、どのような林業を行うか、どのような森づくりを行うかについては、いろいろな新しい考え方があるだろう。その過程で、私の提案した可能性も参考にしてもらえばいい。しかし、そのような新しい森づくりについて、科学的な立場に立ってアドバイスできるのは、森林組合でもなく、森林所有者でもない、唯一可能なのが森林学科を持つ大学である。大学は従来、教育と研究に重点を置いて、民間の森づくりや林業にはあまり関与してこなかった。しかし、今後は林業や森づくりという具体的な実践の場での活動も求められるであろうし、それに応える社会的義務があると思う。

最近のコロナ騒動を見ていると、都市一極集中の弊害についての論調が目立ってきたし、他方では農山村を見直す論もある。その中で、今後は都会から田舎への移住希望者も出てくるであろうし、リモートワークと組み合わせて、山村生活をしたいと思う人も出てくるであろう。都市集中の弊害と、農山村の過疎化を解決するには、絶好の追い風である。

都会の人達が新たに森づくりや林業を始めるにあたっては、次のように考えるとよいと思う。日本では、今までのような林業は採算が採れないし、それだけでは生活もできない。だから、木材以外の森からの生産物も考えて、いろいろな収入源を作る。

そしてできるだけ自家労働だけで行う。

さらに林業以外の収入源、例えば有機農業であるとか、産地直送の農産物作りとか林家民宿とか、木工品生産とか、さらにはテレワークといった収入源を持つ。

このように、森からの生産物や収入源を多様化することによって、農山村での生活を安定化させる。

農山村に多様な人たちが住み、多様な産物ができると、地域自体が多様性を持つようになって、いろいろなアイディアが生まれて、新しい創造につながることが期待できる。

しかしこうした都市の人たちの農山村移住は、各個人の工夫や努力だけでは解決できない問題も出てくるに違いない。そうした課題については、やはり国や地方自治体がサポートしなければならないであろう。

ヨーロッパでは、条件の不利な地域で農業を営む農家に対しては、条件に応じて一定割合の所得補償を行っている。山間地域の農業、林業、畜産、農家民宿などが多かれ少なかれ、この制度によって支えられており、農山村は日本のようなひどい過疎にならずに比較的安定しているといってよい。その結果、農山村の耕地や森林が維持され、食料や木材の生産それに美しい景観と国土の保全が実現して、人々は幸せな生活を送っている。そういった中で、木材を中心としたバイオエネルギー利用も進んでいる。

だからといって、日本もヨーロッパの方法をそのまま導入してよいという事にはならないし、おそらく日本の自然条件や社会経済構造に合った政策でなければ成功は難しいであろう。

従来は、農業政策については農業の専門家、林業政策については林業の専門家だけで委員会を作って検討が行われてきた。しかし、農山村の健全な維持・発展については、農山村の住民が安定した生活が成り立つことを基本として、かつ都市と地方の垣根を越えて、総合的な視点からの政策でなければならない。そのためには、今までのような縦割り型ではなくて、農業や林業の専門家の他に、社会、経済、人文、教育、福祉、医療、観光、文化、都市、環境、自然災害、河川洪水の専門家、さらには農山村に移り住んだ都市住民やいままで生活してきた農山村住民をも含めた、幅の広い分野のメンバーによる議論が必要であろう。それだけ、現代においては、農山村や森林の持つ社会的な意味と価値は広くて大きいのである。

　その事によってはじめて、国土保全、緑のダム機能、食料生産、森づくり、バイオ発電、二酸化炭素削減、過疎問題、人口の都市集中、河川氾濫といった諸問題も徐々に解決に向かうであろう。

　コロナ禍によって、人々の生活形態や意識変革が進む中、森とともに自然の中で生きるという、新たな森の文化が生み出されることを期待して、この筆を置きたい。

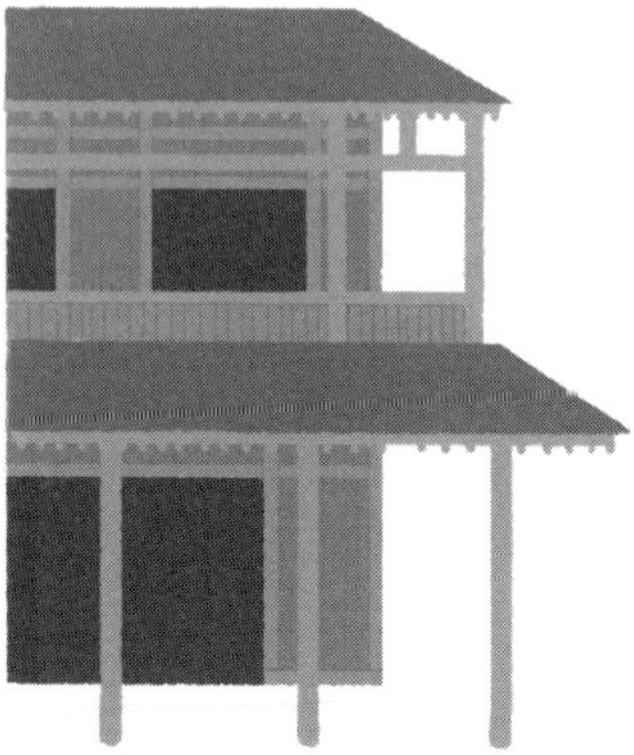

あとがき

私は旅が好きである。

旅の始まりは、確か4歳の時、昭和24年に両親に紀州に連れて行ってもらった時である。大阪から急行「熊野号」という蒸気機関車に乗り、窓から手を出せば、たわわに実ったミカンがすぐにでも手でとれそうなほどであった。今でも営業する勝浦温泉の旅館に泊まって、海に面した露天風呂に入り、こんな風呂があるのだと子供心に感激した。

新宮からプロペラ船に乗って熊野川をさかのぼっていると、上流から何連もがつながった筏が流れてきた。今から思えば、上流の十津川村あたりで伐採された木材が運ばれていたのであろう。

熊野川の筏が、自分の住んでいる地域以外の木材との初めての出会いであった。

それによって旅行にはまり、鉄道旅行大好き人間になってしまった。

それがさらに嵩じて、海外旅行大好きにつながり、大学での放浪的な研究に至ったのだと思う。

4人の娘を抱えて私の留守を守り、放浪的な調査旅行を支えてくれたのは、いまは亡き妻まゆ美であった。

今回、本書を執筆するきっかけになったのは、コロナウイルスである。

定年後、2、3の習い事をしているが、コロナ騒動でいずれも休会になってしまって時間を持て余していた。かねてより、林業に関する自分の考え方をまとめてみたいと思っていたが、コロナがたまたま時間的なきっかけを与えてくれた。

一気に書いて、雑な内容になってしまったのを、次の方々にカバーしていただいた。

私の長年の友人である、京都府林務職員の岩田義史氏には、専門的な立場から、内容について多くのアドバイスを頂いた。

それから、私の友人で京都大学に事務職員としてお勤めの原田忍草さんには、休日返上で通読していただき、市民の視点からアドバイスと校正をお世話になった。

お二人に対して、改めてこの場を借りて心より御礼申し上げたい。

また、京都大垣書店の出版部長平野篤氏と同じく出版部の西野薫子氏には、お忙しい中を丁寧に読んでいただき、読者の視点から貴重なアドバイスを頂いた。この場を借りて心から御礼申し上げ、本書を締めくくりたいと思う。

令和3年1月30日

岩井　吉彌

岩井　吉彌（いわい　よしや）

著者略歴

昭和 20 年　京都市生まれ
昭和 43 年　京都大学農学部林学科卒業
平成 5 年　京都大学農学部林学科教授
平成 21 年　京都大学定年退官

単著
京都北山の磨き丸太林業　都市文化社（1986）
日本の住宅建築と北アメリカの林産業　日本林業調査会（1990）
ヨーロッパの森林と林産業　日本林業調査会（1992）
竹の経済史　思文閣（2008）
編著
新・木材消費論　日本林業調査会
Forestry and the Forest Indusrty in Japan　UBC press
共著
徳島県林業史　徳島県
日本の林業問題　ミネルヴァ書房
など

研究テーマ
林業経営、山林相続税、木材産地形成と製材、北アメリカ林業と林産業、林業史、木材消費、木材流通、磨き丸太産地、竹産業、木材内装業、ヨーロッパ農家民宿、グリーンツーリズム、住宅産業、パルプ産業史、林業の国際比較、外材輸入、ヨーロッパの林産業

カバー・本文イラスト　濱岸夏苗

山村に住む、ある森林学者が考えたこと

2021 年 5 月 11 日　初版発行
2023 年 4 月 18 日　2 版 2 刷発行

著者　岩井　吉彌
発行　株式会社大垣書店
〒 603-8148 京都市北区小山西花池町 1-1
印刷　亜細亜印刷株式会社

 ISBN 9784903954400